コンピュータビジョン最前線

CV

Spring 2023

増えるCV技術

巻頭言：**内田誠一**

イマドキノ 植物とCV：**大倉史生・郭　　威・戸田陽介・内海ゆづ子**

フカヨミ Embodied AI：**吉安祐介・福島瑠唯・村田哲也**

フカヨミ マテリアルセグメンテーション：**延原章平**

フカヨミ データ拡張：**鈴木哲平**

ニュウモン ニューラル 3 次元復元：**齋藤隼介**

不思議な鏡：**@casa_recce**

共立出版

Contents

オープンマインド溢れるオープンナレッジ

■内田誠一

筆者が若かりし頃[1]，書籍というのは，いわゆる大先生が執筆されるものであった。いつかそんな風になれるのかしらと漠然と思いつつ幾星霜，「そんな風」になることもなく，気がつけば，いまや新進気鋭の若手研究者が執筆くださった書籍ばかり読んでいる気がする。申し訳ないと思いつつ，ありがたく拝読している。

実際，現在の CV/PR 界は，若手研究者がけん引している。彼らは，研究を始めた頃から，オープンソース，オープンデータが織りなす怒涛のグローバリゼーションの海に泳ぎ，SNS などを駆使して最新動向をキャッチし，さらに自らも新しいアイディアを着想し，世界のトップカンファレンス，トップジャーナルを相手に切磋琢磨している。縁あって ACT-I「情報と未来」（後藤真孝総括），ACT-X「数理・情報のフロンティア」（河原林健一総括）にアドバイザとして参画させていただいた際，そこに見たのは，まさに切磋琢磨の日々を送る，尊敬すべき若手の姿であった[2]。

本シリーズは，そんな若手研究者の皆さんが，自身の多忙を極める時間の中で，他者のために執筆してくださった記事で構成されている。「オープンナレッジ」とでもいうべき試みである。もちろん一般的な学術論文もオープンナレッジである。しかし，本シリーズの記事は，より献身的である。「初学者から専門家まで，最新技術の面白さを面白く学んでほしい」という意図で執筆された，いわば「オープンマインド溢れるオープンナレッジ」である。この試みを受け取った若手の学生読者諸君は，こうした先輩の明解なる解説テクニックを学んで，もっと若い次の世代に繋いでいってくれるのだろう。ありがたいことである。

筆者は現在，電子情報通信学会「パターン認識・メディア理解研究会」の委員長を拝命している。同学会で CV/PR を扱っている研究会であり，数ある研究会の中でも最も大規模なものの 1 つである。2022 年春に節目の 50 周年を迎えたという，長い歴史をもつ。具体的には，1972 年 4 月に「パターン認識と学習」（PRL）研究会が発足，1986 年に「パターン認識・理解」（PRU）研究会に改称，1996 年に「パターン認識・メディア理解」（PRMU）研究会となり，現在に

[1] 本書が発刊される頃，著者は四捨五入すれば還暦を迎える年齢に到達する。

[2] なお，シニア研究者にも若手の時代があり，その時代なりに切磋琢磨していた（そして今も？）。本稿の視点は現在の若手中心だが，この点もどうかお忘れなく。

至る。2022 年 7 月末には，PRU 以降の歴代委員長 18 名が参加するという，50周年記念イベントを行った。同じ 2022 年度に 30 周年そして第 25 回目という節目を迎えた画像の認識・理解シンポジウム（MIRU）も，PRMU と情報処理学会「コンピュータビジョンとイメージメディア（CVIM）研究会」が交互に開催している。新型コロナウイルスのために 2 年連続でオンライン開催となったMIRU であったが，2022 年度（7 月末）は万全を期しての対面開催に踏み切った。結果，800 名以上の現地参加があり（参加登録は 1,300 名弱），大変盛況であった。参加者からは好意的な意見が多く寄せられ，コロナウイルスのクラスタ発生などもなく，実行委員会としても胸をなでおろしたところである。

このような歴史ある PRMU や MIRU も，時代にあわせて変化していくべき状況にある。すなわち，特に CV/PR をけん引する若手の「参加者」および「委員」をハッピーにするにはどうすべきか，従前以上に考えるべき時が来ている。「参加者」について，たとえば 2022 年度の PRMU では，ハイブリッド開催を行っており，発表者・聴講者の状況に応じた柔軟な参加を可能にしている。また，MIRU では，子育て世代の若手研究者の参画を容易にするために会場内に無料託児所を設け，さらには「ワークライフバランス企画」と称し，「仕事と家庭」の両立に関して議論する場も設けた。加えて有志（研究エキスパート）による「メンターシッププログラム」では，トップカンファレンス採択を目指す若手の論文執筆支援も行っている。なお，この「有志」には（本書の編集陣・執筆陣と同様）わが国を代表する若手研究者が揃っており，自らの多忙な時間を割いて，他の若手の論文執筆のためにオープンマインド溢れるオープンナレッジ活動を実践している。ただただ，敬服するばかりである。

一方，「委員」である。研究会やシンポジウムを運営するのは，想像以上に大変である。ルーティン作業だけであればまだよいが，例外的・突発的な事案が発生したときや，参加者のために企画を打ち立てたりするときには，新たな作業が発生する。昨今の世の流れの速さや多様化に起因して，運営に関する委員の負荷は以前より増している。こうした背景から，2022 年夏，CVIM と PRMUの両研究会は，2023 年度からは共催（正確には連催と呼ぶ）を基本とするという方針を定めた。この共催研究会を年 4 回実施し，各研究会がそのうち 2 回を担当すれば，単純にいえば運営負荷は半分になる。実際には，それら以外にもMIRU をはじめとする各種イベントや，各研究会独自の制度などもあり，単純に半分になるわけではない。しかし，それでも負担軽減に向けた第一歩にはなると確信している。運営負荷の最小化問題は多目的かつ非凸であり，最適解を見出すのは難しい。また，最適解があったとしても時代とともに変わっていくだろう。参加者と委員をともにハッピーにできるよう少しずつでも継続的にアクションし続けるしかない。

PRMU／MIRU に限らず，若手の日々の研究活動を支援するには，どんな方策が有効だろう。この手の話でいつも思い出すのが「金平糖」である。物理学者の寺田寅彦の随筆によれば，あのトゲトゲは自然にできるとのことである。伝統的な製法では，熱したフライパンで砂糖を溶かし，そこに芯となる芥子粒を入れて「揺する」（攪拌する）と，雪だるま式に固まりつつ，勝手にトゲトゲができるそうである[3]。あくまで私見ではあるが，この金平糖方式が，若手支援として，最も自然な施策の1つのような気がしている。外的な力をもって特定の方向にトゲトゲを無理矢理引っ張り出すのではなく，場を作ってあとは多少揺することしかしない[4]。それで研究者としてのトゲである「個」が自然に確立される。前述の ACT-I／ACT-X は，まさにこの金平糖方式の見事な具現例と思っている。今後もそのような場が継続的かつなるべく多くの若手に提供されることを願っている。

……と，ここまで書いて，なんだか自分も年取ったなぁ，と思う。それでもまだ，本シリーズのようなオープンナレッジで効率的に勉強する機会があるわけで，ありがたい限りである。ハッピーである。さて，この巻頭言を読んでいる若手の皆さんが20〜30年後に執筆される巻頭言は，いったいどんなものだろう。どうか，ハッピーなものでありますように！

さて，シリーズ6刊目となる『コンピュータビジョン最前線 Spring 2023』も「オープンマインド溢れるオープンナレッジ」な記事で溢れている。今回のイマドキ記事は「イマドキノ 植物とCV」である。画像情報学が植物学（農学）と素敵なコラボを実践している，昨今特に盛り上がっている学際分野である。フカヨミ記事は，「データ拡張」「マテリアルセグメンテーション」「Embodied AI」の三本立てである。データ拡張は皆が使っている「おなじみ」の基本技術であるが，体系的に教えていただけるのはとてもありがたい。マテリアルセグメンテーションは，センサーと機械学習の共進化があって初めて実現する，ワクワクするような総合的 CV/PR 課題の1つである。Embodied AI も，物理世界でのインタラクション技術と機械学習の共進化があって初めて取り組める，やはりドキドキする課題である。ニュウモン記事は，「ニューラル3次元復元」である。幾何学に基づく数理的方法論とデータに基づく機械学習的方法論が現在どのように共進化しているかを，わかりやすく解説いただいており，これまたありがたい。

若手もシニアも，皆さん忙しくて大変な時代を生きていると思います。でも，こんなオープンマインドなシリーズを読めるなんて，やっぱりいい時代なのかも。いや，間違いなくいい時代ですよね！ ありがたいこっちゃ。

うちだ せいいち（九州大学）

[3] 砂糖の塊を転がしているうちに，表面に温度のムラができ，温度が高いところにはより砂糖が付着し，トゲとなって成長する。

[4] なお，速く金平糖を作りたくて，フライパンの温度を上げるべきではない。熱すぎるフライパンでは，せっかくの砂糖も金平糖ではなくカラメルとなって焦げ付いてしまうから。もし皆さんの周囲にむやみに温度を上げたがる人がいたら，この点，是非注意してあげてください。

イマドキノ 植物とCV
CVの新たな地平を拓くのは … 植物 !?

■大倉史生　■郭 威　■戸田陽介　■内海ゆづ子

1　CVにおける植物

「植物」を対象としたCV・画像解析の歴史は古く，1970年代頃から行われている（たとえば [1, 2]）。植物を撮影した画像を解析する目的は，農業の省力化であったり，植物科学における解析の一助とするためであったりとさまざまであるが，CV分野においては，しばしば他の農業向け応用とひとまとめにして「第1次産業へのCV応用」などのくくりで，ざっくりとした扱いをされることが多い。

実際，植物はCVの重要な応用分野である。農業従事者の減少と食料需要の増加，という相反する状況の中，持続的な食料生産はSDGsにおいても重要な課題と位置付けられる。栽培の省力化や育種（品種改良）の高速化は喫緊の課題であり，CVはこれらの課題を実現するために重要な役割を果たす。たとえば，果実の収穫ロボットを作ろうとすると，果実の検出が必要であるし，自動的に枝を剪定しようとすると，枝の構造を知らなければならない。また，育種は，一般的にまずたくさんの変種を作ってから，それらを育てて良いものを選抜する，という非常に手のかかるプロセスを伴う[1]。収穫段階まで育てなくとも，成長途中の植物の画像から「好ましい品種の姿形」を判別することができれば，育種の効率化が進む。

「CV応用」と聞くと，CVの最新手法を応用先ドメインの問題に適用するイメージがあるかもしれない。しかし，植物を単なるCVの一応用と位置付けるのはあまりにもったいない。CV研究者にはあまり知られていない感があるが，上述のような内容を含む分野として，「植物フェノタイピング」（plant phenotyping）がある。植物の見た目を含む形質[2]を計測することで，植物の生育評価や栽培の効率化，植物科学の研究（遺伝型との対応付けなど）に繋げていく分野である。植物フェノタイピングにおいてCVは非常に重要な要素技術であり，したがって植物フェノタイピングはCVの隣接分野の1つである。

植物分野，特に植物フェノタイピングの分野には，最新のCV研究の集積をもっ

[1] 実験圃場（ほじょう）で全部育てて，収穫して変種ごとに収量を評価する，といった過程を経ることになるため，栽培にかかる労力だけではなく，期間も問題になる。品種によっては1年に一度しか選抜できない（台風が来たら終わり。また来年…）。栽培実験にかかる期間や失敗リスクの大きさは，植物科学や農学分野における重大なボトルネックである。

[2] 遺伝型と対比して表現型とも呼ばれる。メンデルの法則の説明に出てくるエンドウ豆の「丸 vs. しわしわ」など。なお，見た目に関連するもの以外に耐病性なども形質に含まれる。

3) ICCV2021 では Computer Vision in Plant Phenotyping and Agriculture（CVPPA）。

てしても解析が困難な対象や，実現が困難なタスクが数多く存在する。そのため，現場で「使える」植物の画像解析手法を実現するために取り組むことは，新たな CV 技術を生み出す研究に直結する。実際，主要 CV 国際会議（ICCV/CVPR/ECCV など）では，Computer Vision Problems in Plant Phenotyping（CVPPP）[3] というワークショップが開催されており，植物フェノタイピングにおける CV 問題を，CV 研究者と植物科学/農学の研究者が一緒に議論している。

　植物分野において一分野が形成されているにもかかわらず，（筆者の主観であるが）CV 分野において，植物があまり流行っていない感がある。この要因として，

- 植物があまりにも解析対象として挑戦的すぎ，CV として解ける問題に落とし込むのが難しかった
- 従来から蓄積されてきた植物分野の知見やデータが，CV（あるい機械学習）向けに整備されていなかった

という側面が挙げられるかもしれない。しかし，CV 技術が日進月歩で高度化し，植物関連の CV 向けデータセットも充実してきた今こそ，植物 CV への参入チャンスである。そこで本稿では，植物分野における CV の現状を紹介しつつ，植物特有の興味深い挑戦性から生み出される新たな CV 研究の方向性について考えていきたい。具体的には，植物を CV の「イマドキ」にしようとしている 4 人の研究者（大倉・内海が情報系，郭・戸田が植物/農学系の研究機関に所属している）が集まって自由気ままに書いたものが本稿である[4]。本稿を通じて，さまざまなタスクにおいて植物と CV の接点があり，かつ植物特有の難しさ・面白さがあることを実感いただけると思う。植物 CV を俯瞰すると，今の CV 研究に足りないものが見えてくる（かもしれない）。

4) 具体的には，大倉が 3 次元復元（3 節），内海が機械学習手法（4.2 項），郭が植物画像認識への応用（2 節）やデータセット収集（4.3 項），戸田がデータ拡張・生成（4.1 項）についての話題を自由気ままに執筆し，それを（1 節，5 節の議論とともに）大倉がまとめた。いつもの CV 最前線と毛色が違いますが，お許しください。

　具体的な内容に入る前に，植物の挑戦性がどのような部分にあるのかを 1.1 項で，そして，植物分野と代表的な CV タスクのかかわりを 1.2 項で，簡単に紹介する。次に，CV における代表的タスクである画像認識（2 節）と 3 次元復元（3 節）について，それぞれ植物とのかかわりを解説する。また，植物 CV における最も重要なボトルネックであるデータ不足に関連して，これを解決・軽減しようとする取り組みについて 4 節で述べる。最後に，植物 CV の現状を鑑み，今後の CV 分野に必要なものは何かを 5 節で議論する。

1.1　植物の何が挑戦的か

　詳細な内容に入る前に，具体的に植物 CV の何が難しいのかを例示しつつ議論する。種々の CV 手法を植物ドメインに適用することを考えると，しばしば「見た目の挑戦性」や「データ不足」に直面する。

見た目の挑戦性

たとえば，筆者の一人（大倉）が取り組んでいる，植物の地上部（枝葉など）の構造を画像から復元するタスクを例に考えてみる。

枝はどこ？

葉はどこに何枚？
隠れた枝構造は？

個体（株）ごとに
切り分けられるか？

図1 植物の見た目の挑戦性。一部あるいはほぼ完全に遮蔽された枝の構造を推定できるか？ 密集した葉の数や姿勢を推定できるか？ 複雑に入り組んだ隣接する植物個体をセグメンテーションできるか？

- 図1（左）のような風景から枝の位置を知ることはできるだろうか。画像から枝の位置を推定するためには，葉による枝の遮蔽や枝の細さを適切に考慮する必要があるが，これは一筋縄ではいかない問題である。
- 図1（中央）の画像から葉の枚数や枝の構造を知ることはできるだろうか。葉は薄く，類似テクスチャ・形状の繰り返しである。また枝はほぼ完全に遮蔽されており，枝の構造の推定は困難である。
- 図1（右）のような風景から個体（株）を切り出すインスタンスセグメンテーションは，栽培ロボットの実現において重要なタスクである。しかし，隣り合う個体は互いに重なり合い，背景にも同種の植物が並んでいる。さらには，各個体は自由な形状をとり，その見た目は類似テクスチャの集合のようなものである。

これらは植物 CV において現実的に直面する問題の一例にすぎないが，植物がいかに CV 分野にとって挑戦的な対象であるかを理解いただけると思う。

データ不足

植物 CV においても，他の多くの分野同様，深層学習が使われることが一般的になった。ここで，データ不足が植物分野における深刻かつ新たな問題として顕在化した。植物ドメインにおける統一的な CV タスクやデータセットは存在しない。たとえば，一般の物体認識に当たるようなタスクを定義することは難しく，タスクカテゴリごと（たとえば葉の分類や果実の検出など）に異なる学

習データセットが必要になることが多い。さらに，場合によっては植物種ごとにも，その見た目の違いから，データセットを分ける必要が生じる。そのため，植物ドメインにおいて ImageNet や COCO に当たるデータセットを構築し，得られた特徴量をさまざまなタスクに応用するような流れが，必ずしもうまくいくわけではない。タスクや植物種ごとに地道にデータを集めるか，あるいは何らかの方法5)で少量データから学習するか…，植物科学/農学研究者，CV 研究者双方にとって，頭痛の種は尽きない6)。

5) たとえば半/弱教師あり学習など。
6) そんなこんなで，植物科学者から見てもフェノタイピング（画像解析を含む）が頭痛の種らしい [3]。実際のところ，このあたりは他の CV 応用において頻出する問題でもある。

1.2　CV の代表的タスクと植物

CV において広く扱われるタスクは，植物 CV においても有用であることが多い。以下に例を示しつつ，植物特有の問題を概説する。

画像分類・物体検出

植物種の同定や病害検出，器官（枝・葉・茎・果実など）の検出など，植物 CV の多くの話題は（一般的な CV 分野の要素技術群と同様）画像分類や物体検出タスクに関連する。植物を対象とした場合，詳細（fine-grained）な認識タスクを強いられることが多い。図 2 に葉からの植物種同定タスクに用いられる画像の例を挙げる。近縁種間の見た目はほとんど変わらず，これぞ詳細画像認識，というようなタスクである。また，植物種同定や病害検出のためのデータセットにはそれぞれ希少種や希少な病害が含まれるため，自然とロングテール（long-tailed）な分布になっている（iNaturalist dataset [5] などが主な例である）。

Ulmus carpinifolia　　　　　　Salix aurita

図 2　異なる種の葉の例（Swedish leaf dataset [4] より）。植物の画像認識は，クラス内の外観変化に比してクラス間の違いがほとんどないようなタスクになりがち。

セグメンテーション

　葉や個体のセグメンテーションは，植物フェノタイピングのみならず栽培分野において重要である。葉をセグメンテーションすることで，形状に関する特徴を得たり，あるいは受光量に関連する葉の面積を計算したりすることができる。植物におけるセグメンテーションは，対象が類似テクスチャの繰り返しであり，かつほとんど同じ色（多くの場合緑色）をしていることに留意が必要である。また，幅が細い葉のセグメンテーションは，広く用いられるインスタンスセグメンテーション手法（Mask R-CNN など）が不向きなことも多い。ちなみに，植物個体のセグメンテーション（図 1（右）など）については，（各個体が画像上で明確に分離されている場合を除き）うまくいった例を聞いたことがない。植物個体は自由な枝ぶり・形状をしており，画像からのセグメンテーションには何かしら，新しいアイデアを導入する必要があるだろう。

3 次元復元

　植物の 3 次元の形状や構造は，栽培や植物フェノタイピングにおいて重要な意味をもつ。たとえば，栽培ロボットで収穫や剪定・誘引[7]を行うためには，対象の植物の枝ぶりを正確に知っておく必要がある。また，植物の大きさや形，構造（という形質）と遺伝型の対応付けを知ることにより，育種評価や植物科学の発展が期待できる。植物の 3 次元復元は CV や農業関連のさまざまな分野で取り組まれてきたが，植物が類似テクスチャの集合からなること，枝が細いこと，葉が薄いことなどの問題から，多視点画像からのカメラ位置姿勢推定に必要な対応点すら十分に得られないことも多い。また，一般的な 3 次元形状復元問題と対比すると，植物を対象とした場合の重要な要求として，3 次元「構造」を推定する必要性があることが挙げられる。植物の構造推定問題は，CV 分野において広く研究されている人間のスケルトン推定と似たタスクであるが，人間は関節の種類や繋がり方が決まっているのに対し，植物の構造は自由度が高い。また，枝ぶりが葉に遮蔽されるなどの問題（前述）が顕著に発生するため，非常に挑戦的な課題になる。

[7] 枝を切り落としたり，曲げたりする作業。

2　植物と画像認識

　画像認識タスクはさまざまにあるが，ここでは，一般物体認識における「よくある」分類に準じ，画像分類（画像 1 枚からの分類），物体検出（部分画像の分類），セグメンテーション（画素ごとの分類）のそれぞれについて，植物分野における有用性や CV 分野とのかかわりを概説する。

2.1 画像分類

画像 1 枚からクラス分類を行うタスクは，植物種の判別用途に用いられる。また，画像からの病害有無の判別も広く試みられている。さらに，少々文脈は異なるが，画像 1 枚からの回帰タスクとして，葉や果実などの計数（counting）が広く研究されている[8]。

植物種の判別

植物種の判別タスクについては，これまでに市民・専門家参加型で収集されたデータセットがいくつか提案されている。たとえば，iNaturalist（https://www.inaturalist.org/）というコミュニティでは，植物や動物などの画像をスマホアプリを通じて収集する取り組みが行われており，85 万枚の画像を 5,000 種の生物種の情報とともに記録した画像分類向けのデータセットを整備している [5]。Pl@ntNet プロジェクト（https://plantnet.org/）は，植物に特化した 30 万枚の画像データセットを構築している [6]。

植物種の判別の基本的な技術要素は，一般物体認識における画像分類と同様であるが，クラス間の見た目の違いが小さく，1 節で述べたとおり，詳細な見た目を判別するタスクを強いられる。また，生物種の判別向けデータセットには希少種が含まれるため，総じてロングテールな分布を示している。そのため，生物種判別データセットは，詳細画像分類 [7]，（クラス間のバランスをとるような）損失関数の設計 [8]，自己教師あり学習 [9, 10] など，さまざまな CV の研究のベンチマークに用いられている。

病害検出

植物に発生する病害を画像から検出することは，植物栽培において有用な技術になりうる。植物フェノタイピングの文脈では，植物にかかるストレスを計測するストレスフェノタイピングに含まれるタスクである。

病害が含まれる葉が撮影された画像を分類するタスクが，特に広く研究されている。葉をスキャナなどで撮影して病害の有無とその種類のラベルを付与したデータセット（PlantVillage [11] など）がいくつか構築されており，ベンチマークに使用されることが多い。葉は病害によって一部の見た目が大きく変わることが多く，2D スキャナで葉をスキャンするなど，十分にコントロールされた[9] 撮影環境における葉の病害検出は，比較的単純な CNN で実用に足る精度を達成できることが報告されている [12]。このタスクは植物における画像分類応用の中では比較的シンプルな CV の応用例であると考えられ，深層学習を用いた植物画像解析の初期の例 [13] をはじめとして，多くの論文が見つかる。有名

[8] 計数タスクは物体検出などと一緒に実装されていることが多いため，後述する。

[9] この条件は極めて重要。単純なタスクも，コントロールされていない環境においては著しく難しくなる。

な例としては，病害検出とクラス活性化マッピング（class activation mapping; CAM）による病害部位の可視化を組み合わせた Ghosal らの取り組み [14] が挙げられる。最近では，病害だけではなく，さらに広範な状態変化を含む植物のストレス度推定 [15] も行われている。

2.2　物体検出

対象のバウンディングボックスの検出とクラス分類を行う物体検出は，CV の植物分野への最も重要な応用先であり，植物個体や器官，病害の検出など広い用途に活用されている。

植物個体の検出

圃場で撮影した画像や空撮画像などからの植物個体の検出は，作物や雑草の管理，森林の管理などの省力化のために重要である。画像からの苗の検出や計数 [16, 17, 18, 19, 20] が試みられているほか，雑草を検出して除外する手法や，さらに対象植物の有用な形質（体積や輪郭など）を推定する手法も提案されている [21]。また，森林リモートセンシング向けの樹木検出も研究されている [22]。これらの手法の多くは，各個体が比較的離れて植えられている，あるいは各個体に特徴的な見た目（森林画像からの樹木検出における樹頂点など）を有する部位が 1 つずつ存在することを前提とする。密植され，かつ枝が複雑に絡み合った植物の個体検出は，非常に挑戦的かつ未解決の課題である。

器官検出

植物器官（葉，茎，果実など）の検出は，植物フェノタイピングにおける重要な問題である。栽培補助においては，収穫のために果実や穂の検出が重要であるし，葉の数や面積の評価は育種の成否を評価する重要な手段である。実際，果実の検出と計数に関しては，ここ数年に限っても多くの研究例があり [23, 24, 25]，さらには植物の穂 [26, 27] や葉 [28, 29, 30] の検出と計数がさかんに研究されている。

病害部位の検出

前項で紹介した病害検出タスクに物体検出手法を用いることで，病害部位を推定することも一般的に行われている [31, 32, 33]。さらに，物体検出器を用いることで植物についた害虫を検出する研究 [31, 34, 35] も報告されている。

2.3 セグメンテーション

病害部位のセグメンテーションは，前項で紹介した物体検出の枠組みの比較的単純な拡張で実現でき，当該器官にどのように病害が広がっているかについて，定量的な指標を提供できる（[36] など）[10]。

[10] 詳細は割愛する。

また，物体領域に関する特徴（たとえば大きさ，厚さ，形状）は，作物の品質に直結するため，元来，植物を撮影した画像の領域分割に対するニーズは非常に大きかった。たとえば，種子の長さや太さは，作物品質の重要な評価尺度になる。深層学習が一般的になる前から，作物の品質評価のための領域分割ベースの解析が多数試みられてきた（[37] など）。ここでは主に最近の（つまり，深層学習ベースの）手法を紹介する。

種子や穂のセグメンテーション

種子や穂の形状や大きさなどの特徴は，その植物の環境ストレスを示し，発芽率やその後の植物の生育の予測に繋がる。従来，これらの特徴は，ノギスや手作業によるアノテーション，あるいは複雑な画像処理装置を用いて測定されていた。領域分割などの手法によりこれを自動化することは，栽培や育種の省力化に直結する。

Makanza ら [38] は，トウモロコシの穂を撮影した画像から，穂の形状と粒の重みを推定する手法を提案した。また，Toda ら [39] は，合成種子画像で学習したインスタンスセグメンテーションモデルを用いて，実世界の大麦種子画像における種子形態のハイスループットな定量化を実現した[11]。

[11] 合成画像の利用例として，4.1 項で詳述する。

器官セグメンテーション

植物器官のセグメンテーションは，形状の複雑さや遮蔽に起因して困難なタスクになりやすい。植物器官の中でも果実は周囲との色や形状の違いなどからセグメンテーションが比較的容易であり，かつ果実の熟度推定や自動収穫に必須の技術であることから，実用に近い研究 [40, 41, 42] やデータセットの提案 [43] が広く行われている。葉のセグメンテーションは，葉面積による受光量の評価や葉の計数，成長の評価に重要である。ロゼット型植物[12] を上方から撮影した画像のインスタンスセグメンテーションは，比較的遮蔽が少なく，かつ葉が常に上面から撮影されているため，比較的容易である。データセット（CVPPP データセット [44]）が整備されており，セグメンテーションおよび葉領域からの形質（数や大きさなど）の推定に関して研究例が多い（[29, 45] など）。一方，高さがある植物を横（あるいは斜め上）から撮影した画像からのインスタンスセグメンテーションも試みられている。葉面積や葉の傾斜角の推定

[12] 地表に這うように放射状に葉が出る植物。シロイヌナズナがモデル植物として有名。

[46] や，茎を含むセグメンテーション結果からの茎の角度推定 [47] などが行われている。

2.4 植物 CV データセットの貢献

近年の物体認識手法のほとんどは深層学習を用いたものであり，これらの成功の背景には，作物種・タスクごとの植物データセットの整備がある。有名な例では，ロゼット型植物の葉検出・セグメンテーションデータセットである CVPPP データセット [44]，リンゴ検出・セグメンテーションデータセットの MinneApple [43]，空撮画像からの麦の穂の検出を目的とした Global Wheat Head Detection（GWHD）データセット [48, 49] などが挙げられる[13]。

1 節で述べたとおり，データ収集（の大変さ）は植物 CV における最も深刻なボトルネックであり，したがって，データセット整備は植物 CV における実質的に最も重要な貢献であろう。4.3 項では，実際に GWHD データセット（いわゆる「麦コンペ」に用いられたデータセット）について「麦コンペの中の人」の一人が解説する。

[13] CV 向け植物データセットの包括的なサーベイについては，[50] を参照されたい。

3　植物と 3 次元形状・構造の復元

植物の 3 次元形状・構造の復元は，さまざまな分野で取り組まれてきた。コンピュータグラフィックス（CG）分野においては，樹木や植物の CG モデリングの省力化のため，画像からの植物 3 次元モデリングが研究されてきた。また，林業の分野では，樹木の高さや体積を計測する目的で 3 次元復元が用いられる。植物フェノタイピングにおいては，植物の 3 次元復元は 3D フェノタイピングなどと呼ばれ，草姿や葉面積の評価などに繋がる重要なトピックになっている。

本節では，植物の 3 次元復元に関連する話題について，分野横断的に概説する[14]。特に CG 分野を中心として，植物の 3 次元モデリング（ここでは，実在しない植物の 3 次元モデルを生成する手法を指す）が昔から研究されてきた。植物の 3 次元復元手法の一部は，植物モデリング手法に端を発するものであり，よって本節ではモデリング・復元の両方を紹介する。

[14] より網羅的かつ詳細な解説については，サーベイ論文 [51] を参照されたい。

3.1　植物の 3 次元モデリング

植物や樹木の CG モデルを手作業で作成するのは時間がかかるため，事前に設定されたルールセットから（半）自動で対象を「成長」させるようにモデリングすることで，3 次元の形状や構造を生成することがある。こうしたルールセットからのモデリング手法は一般に手続き型モデリング（procedural modeling）[52] と呼ばれ，植物に限らず，建物や地形の生成などに活用されている。

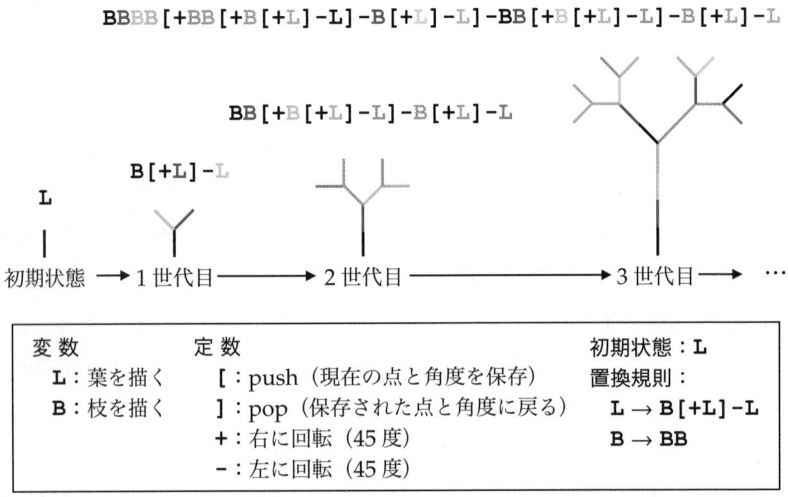

$$BBBB[+BB[+B[+L]-L]-B[+L]-L]-BB[+B[+L]-L]-B[+L]-L$$

$$BB[+B[+L]-L]-B[+L]-L$$

$$B[+L]-L$$

L

初期状態 → 1 世代目 → 2 世代目 → 3 世代目 → …

変 数	定 数		初期状態：**L**
L：葉を描く	**[**：push（現在の点と角度を保存）		置換規則：
B：枝を描く	**]**：pop（保存された点と角度に戻る）		**L → B[+L]-L**
	+：右に回転（45 度）		**B → BB**
	-：左に回転（45 度）		

図 3　二分木を生成する単純な L-system の例（[51] より引用・翻訳）。上：再帰的プロセスによる成長（線分の色は記号の色に対応）。下：あらかじめ定義されたルール。

CG 分野における初期の植物モデル生成に関する研究は，フラクタルに基づく再帰的アルゴリズムに基づいて CG モデルを生成するものであり，1980 年代に遡る [53]。以降は，より洗練された構造表現およびルールセットを植物モデリングに用いる研究が行われた。特に主要な構造表現としては，植物（など）の成長過程を記述するための形式文法であるリンデンマイヤーシステム（Lindenmayer system; L-system）[54] が挙げられる[15]。図 3 は，二分木を生成する L-system によるモデリングの簡単な例を示している。あらかじめ定義されたルールに基づき，再帰的な処理によって文字列を生成し，これを各変数・定数の定義に基づき構造に変換する。L-system やその改良版による表現を使った植物の 3 次元モデルの生成手法は，さかんに研究されてきた（[57, 58] など）。これらは，Xfrog [59] や SpeedTree（https://store.speedtree.com）といった植物 CG の生成ソフトウェアに実装されて活用されている。

「逆」手続き型モデリング

植物を生成するパラメータセットを適切に選択し，それらしい[16] 植物モデルを生成することは職人芸的な作業を伴う。さらなる植物モデル生成の省力化のため，写真や既製の 3 次元形状，あるいはレーザースキャナで計測した 3 次元点群から植物の 3 次元モデルを生成する研究が行われてきた。CG 分野においては，このようなタスク（何らかの完成形が与えられて，そこから手続き型モデリングのためのパラメータを推定する）を逆手続き型モデリング（*inverse*

[15] L-system の詳細については，[55] を参照されたい。ちなみに，L-system を提案した Lindenmayer は生物学者であるが，植物 CG モデリングの大家である Prusinkiewicz の初期の論文 [56] においてしっかりと著者に入り，CG 分野に植物学の知見を取り入れることに一役買っている。逆に Prusinkiewicz も植物分野の研究に頻繁に進出しており，CG 分野の知見を植物分野に積極的に還元している。

[16] 以下，「それらしい」という表現が頻出する。あくまで物理的な正確性は求めず，もっともらしく見える（plausible），という意味で使っている。

procedural modeling）[60] と呼ぶ。特に画像や 3 次元点群を入力とする逆手続き型モデリングは，植物の 3 次元復元問題と（基本的に）同一の問題になる。

3.2　植物の「形状」復元

　植物の 3 次元形状（構造ではなく）を復元するための手法は，一般的な CV における 3 次元形状の獲得手法と同様である。これらの取り組みは，逆手続き型モデリングの文脈で CG 分野で行われてきたほか，林業や栽培，植物フェノタイピングなど，さまざまな分野で研究が行われている。

　複数の視点から撮影された画像（多視点画像）を入力とする 3 次元復元手法は，植物にも頻繁に適用される。初期の 3 次元復元手法は，シルエットからの形状復元（shape from silhouette）を行うものが多かった（[61, 62] など）。近年は，SfM（structure from motion）や多視点ステレオ（multi-view stereo; MVS）関連のソフトウェアが充実しているため，植物の 3 次元復元界隈でも SfM＋MVS [17] が頻繁に使われている。ただし，植物の見た目は類似テクスチャの集合であり，SfM に必要な多視点画像間の特徴点対応が十分に得られないことも多い。また，撮影中に風などによる変形が起こることもよくある。そのため，植物の多視点画像をより良く（速く，上手く，安く）撮影するためのノウハウやシステムが，研究の主眼になることもある [63, 64]。

17) フォトグラメトリとも呼ばれる。

　「変わり種」としては，植物を対象とした照度差ステレオも試みられている。たとえば，上から見た植物の葉の形状と高さの推定 [65] や葉脈パターンの獲得 [66]，太陽光下の葉角推定 [67] などに照度差ステレオが用いられている。

　ちなみに，多視点ステレオなどにおける対応付けの困難さなどをバイパスするための手段として，次項で説明する植物の構造復元手法の入力として，レーザースキャナで取得された 3 次元点群を用いることも一般的に行われる。

3.3　植物の「構造」復元

　植物の 3 次元形状が得られたとして，そこから植物の構造（枝ぶりや葉のつき方）を推定することは，挑戦的な課題である。この課題に対し，大きく分けて，レーザースキャナなどで取得された比較的高精度な 3 次元点群を入力する手法と，3 次元情報と（多くの場合）画像情報を併用する多視点画像ベースの手法が試みられてきた。ここでは，より最近の発展的な話題とあわせて，植物の構造推定手法を紹介する。

3 次元点群からの構造推定

　レーザースキャナなどで取得された 3 次元点群から樹木や植物の構造を抽出する研究が広く行われている。植物「モデリング」手法の中には，指定された

3次元ボリュームに当てはまるように枝を生成する手法（たとえば [68]）があるが，結果として得られる構造が実際の植物を正確に表現しているとは言い切れない。3次元点群は比較的高精度に取得できるが，撮影時の遮蔽などにより，対象とする植物全体の点群が得られないことがあるので，工夫の余地が大きい。

スケルトン化を使う手法　主に葉のついていない木や，トウモロコシのような細い葉をもつ植物を入力する場合，スケルトン化（skeletonization）[69] がよく使われる。点群からのスケルトン化による樹木構造復元の代表的な手法として，Livny らの手法 [70] を紹介する。この手法は，近傍点を繋いで作った3次元グラフ（論文内で枝構造グラフ（branch structure graph; BSG）と呼ばれている）の枝のパスおよび太さを，点群に対する適合性，枝の滑らかさなどの複数のコストを使って最適化する（図4参照）。複数の樹木を含む実世界の点群に対して，最小限のユーザー操作（付け根位置を指定するだけ）のみで，それらしい枝構造を作成することができる。その後，葉の集合を「ローブ」に見立てたモデル生成手法 [71] などと組み合わせ，写実的な樹冠の表現を目指す拡張がなされた。

スケルトン化＋点群セグメンテーション　スケルトン化の大きな欠点は，葉がたくさんついた樹冠のような，「厚い」部分の処理が困難なことである。葉のついた樹木からそれらしい枝構造を推定するため，Xu ら [72] はまず可視枝を復元し，次に点群から大まかな樹冠のボリュームを推定することで，葉の体積に合うように不可視枝を再構築した。これらの手法は，スケルトン化と点群セグメンテーションを組み合わせた手法と捉えることができる。3次元点群のみか

図4　Livny らの手法 [70]。樹木の3次元点群からグラフ最適化によってそれらしい木構造を生成する。左上図が入力画像で，左下図中の色付き点はユーザーが指定した付け根点である。右図は復元結果（上段：枝構造，下段：葉付きのCG）である。中央の図はそれぞれ点群と復元結果の拡大図である。点群の欠損部（中央下段）も復元できていることがわかる（[70] より引用）。

ら葉と木質部をセグメンテーションする問題は（色情報を使えない場合は）非自明であり，このあたりも研究トピックになっている [73, 74]。詳細な樹冠の形状を解析して，それらしい枝ぶりを再現しようとする試みはある [75] ものの，たとえ正確なセグメンテーションがなされたとしても，比較的大きな樹木に対しては，3次元点群のみから遮蔽部分の枝ぶりを正確に復元することはいまだ非現実的である。

　比較的小型の植物では，複数の視点から撮影することで遮蔽部分の少ない点群を得るなどが可能な場合があるが，小型の植物は大きさに対して相対的に葉の幅が広いため，ナイーブなスケルトン化のアプローチでは不十分な場合が多い。そのため，点群セグメンテーションがよく用いられる。たとえば，トウモロコシ圃場の点群から個々の植物を分離する手法については，[76] で議論されている。また，（小型植物の）点群から茎と葉を分離する手法もたびたび提案されている（[77] など）。葉のセグメンテーションとスケルトン化の組み合わせは，たとえば，トウモロコシ [78] やソルガム [79] など，比較的葉の幅が狭い植物によく適用される。

林業分野への応用　レーザースキャナで取得した3次元点群から樹木を復元するスケルトン化手法は，林業分野への応用がさかんである。林業研究においては，この種の手法で得られたモデルは定量的構造モデル（quantitative structure model; QSM）と呼ばれる。SimpleTree/SimpleForest [80]，TreeQSM（[81] など），3D Forest [82] など，3次元点群からの QSM 再構成のためのツール群が充実しており，地上バイオマス推定 [83]，森林資源の管理 [84] など多くの用途で活用されている。

多視点画像ベースの手法

　多視点画像からの3次元復元に基づく構造推定は，3次元形状の精度が（レーザースキャナと比較すると）低い代わりに，2次元画像情報を併用できることが利点である。2.3項で紹介したセグメンテーション手法や器官検出手法を併用するなど，これまでに多くの取り組みが行われている。実際，樹木の3次元復元の初期の試み [61] は，2次元・3次元両方の情報を用いている。具体的には，シルエットから3次元形状を復元するとともに，画像上の2次元シルエットから枝の先端を抽出し，L-system に基づく構造を推論した。

SIGGRAPH2007 で提案された2つの手法　SIGGRAPH2007 において，2つの有名な樹木3次元復元手法が提案された。Image-based tree modeling と題された Tan らの論文 [85] は，SfM に基づく疎な点群を用いた。図5に示すよ

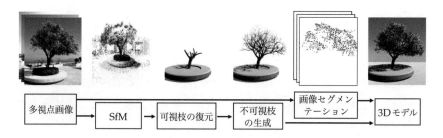

図 5　Tan らの手法 [85]。樹木の多視点画像から，画像セグメンテーションと
3 次元復元を併用して構造復元を目指す。遮蔽下の小枝の正確性は求めず，あ
くまで樹冠のボリュームに合わせて「それらしく」生成する（[85] より引用・
翻訳）。

うに，樹冠と可視枝（主に幹の部分）の 2 次元画像セグメンテーションを行
い，可視枝の 3 次元構造復元を行った後，樹冠のボリュームに合うような枝パ
ターンを生成した。一方，Neubert らによる方法 [86] は，末端の小枝位置を先
に推定し，それらをパーティクルに見立てて徐々に統合していくことによって
（それらしい）木構造を生成するという，Tan らの手法とは逆のアプローチを
とった。

最近の改良　以来，多視点画像からの 3 次元構造復元手法は，現在までにさま
ざまな改良がなされ，発展している。たとえば，奥行き画像をガイダンスとし
た手法 [87] が提案されている。また，植物の特定の部位に着目した研究も行わ
れている。特に 1 枚 1 枚の葉のサイズや位置・姿勢を再構成することを目指し，
葉のテンプレート形状を当てはめる手法 [88] や，葉のパラメトリックモデルを
用いる手法 [89]，多視点画像上でのインスタンスセグメンテーションを活用す
る手法 [90] などが提案されている。

葉のない木を対象にした手法　葉のない木は，枝が遮蔽される部分が少ないた
め，比較的正確な構造復元が可能である。Lopez ら [91] は，まず各画像上で枝
構造を推定し，それらを 3 次元空間上で統合した。Zhang ら [92] は，隣接する
多視点画像間の画像特徴を追跡し，それを枝の骨格の抽出に利用した。

さらなる発展

　これまでに紹介したような技術をベースとして，より挑戦的な問題設定，あ
るいはより高い実用性に向けて研究が進んでいる。ここでは，そのうちのいく
つかを紹介する。

少数・単一画像からの3次元構造推定　画像からの3次元構造推定において，必要な視点数を減らすことは実用的かつ挑戦的な研究方向である。たとえば，Teng ら [93] は，葉のない木を撮影した2枚の画像それぞれから構造を抽出し，2次元構造を3次元空間上で統合した。

　単一あるいは少数の RGB-D 画像を用いる手法は，栽培補助ロボットの実現に向けて，主にロボティクス分野で議論されている [94]。実用的な例としては，リンゴの木からの剪定点の検出 [95] などが挙げられる。少々文脈は異なるが，植物を上方から撮影した RGB-D 画像は，器官の地上からの高さを計測できるため，よく活用されている。たとえば，遮蔽を考慮した単一の RGB-D 画像から花びらを再構成する研究 [96] などが行われている。

　1枚の画像から樹木の構造を復元する方法も研究されている。Tan ら [97] は，彼らが以前に提案した多視点画像ベースの手法 [85] を，単一画像を入力とするよう拡張した。この方向性は CG モデリングにおいて有用であり[18]，研究が進んでいる [98]。最近では，敵対的生成ネットワーク（GAN）を用いる手法 [99] も提案されている。また，固定視点から撮影した動画を用いた樹木アニメーションの生成手法も研究されている [100]。

遮蔽への対応　ここまでに紹介してきた3次元構造推定手法の多くは，比較的大型の樹木などを主対象としており，枝ぶりの正確さよりも見た目の「それらしさ」を重視している。一方，主に小型の植物や植物の特定の部分を対象として，遮蔽部の構造を「正確に」復元しようとするさまざまなアプローチが提案されている。

　ユーザーとのインタラクションにより，隠蔽された構造を復元する手法が広く試みられている。Quan ら [101] は，小型の植物に対して，葉のセグメンテーションと枝方向の指定を対話的に行う手法を提案した。また，遮蔽を物理的に解決するユニークな方法として，ユーザーにオクルーダ（葉など）を移動させる方法がある。たとえばプロアクティブ 3D スキャン [102] は，ユーザーによって移動されたオクルーダの動きを追跡して，遮蔽部分を復元する。より極端な方法として，植物全体を1枚1枚の葉に物理的に分解する破壊的な方法もある [103]。

　遮蔽への対処を自動化するために，Isokane ら [104] は GAN による画像変換と3次元復元を併用することを提案した。図6に示すように，多視点画像のそれぞれで pix2pix [105] による画像変換を行い，枝のみが含まれる画像を生成し，その後，3次元空間上での枝位置を計算し，樹木の構造復元に用いられる手法 [86] を用いて枝構造を生成する。

[18] 画像を1枚だけ用意すれば，それらしい樹木の CG モデルを生成できる。

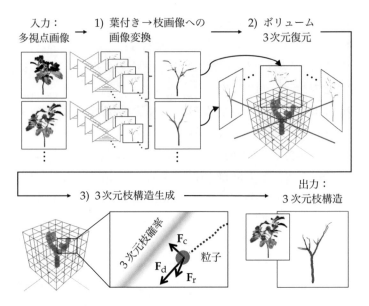

図 6 遮蔽下の構造を推定する手法例 [104]。多視点画像をそれぞれ画像変換し，「葉のない画像」を作ってから 3 次元構造復元を行う ([104] より引用・翻訳・改変)。

4 次元 (時系列 3 次元) 復元　植物の 3 次元構造およびその時系列変化 (つまり 4 次元構造) が復元できると，植物の成長の解析などに有用である。Li ら [106] は，多視点からレーザースキャナで撮影された詳細な (かつ遮蔽の少ない) 時系列 3 次元点群から，枝，葉，芽を含む時系列植物構造を復元する方法を開発した。同様のコンセプトは，植物フェノタイピング [107]，葉のトラッキング [108]，成長の可視化 [109]，開花時の動きの解析 [110] にも活用されている。最近の研究では，トウモロコシとトマトの 4 次元フェノタイピングのための時系列点群データセットが提供されている [111]。

4　植物とデータ

　深層学習が一般的に使われる現在，「データ不足」は植物 CV における最も重要なボトルネックである[19]。CV 分野を俯瞰すると，ImageNet は 1400 万枚以上の画像それぞれに対して分類ラベルを付与することで作成され [112]，COCO データセットは 20 万枚以上の画像に対して 150 万以上のインスタンスラベルが紐付けられている [113]。これらのデータセットの作成はクラウドソーシングサービスを通じてなされ，非エキスパートらによるラベル付けが行われた。しかし，植物など特有のドメイン知識を必要とするアノテーションタスクは，アウトソーシング向きではない。また，そもそもデータを収集すること自体に相

19) 4 人で書いたこの記事の草稿では，3 人がデータ不足に関連する文章を書いていた。

当な労力がかかることも多い[20]。そのため，植物分野においては，ことのほか，工夫を凝らしたデータセット収集法が必要となる。

CV（および機械学習）において「データが足りない」ときの対処法として，大きく分けて以下の3つが挙げられる（と思う）。

1. データを拡張・生成する
2. データ不足を補う学習方法（半/弱/自己教師あり学習など）を使う
3. 頑張ってデータを集める

本節では，上記のそれぞれのアプローチについて，植物分野における取り組みを紹介する。

4.1 データ拡張・生成

よくあるCV向けのデータ拡張手法（画像の反転，回転など）は，植物分野においても一般的に用いられる。一方，植物特有の性質を活かしたデータ拡張手法もいくつか提案されている。1節で紹介したとおり，植物は，（葉など）似たような形状やテクスチャの繰り返しからなることが多い。また，3.1項で紹介したような植物CGの生成手法は広く研究されている。よって，少数の実データなどから，CG合成などによりデータを（半）自動生成することは，植物CV向けのデータセット獲得手法として期待できる[21]。以下，いくつかの具体例を概説する。

作物種子の形状解析

2.3項で述べたとおり，植物の種子の数や形状は，農業上重要な尺度である。そのため，種子のインスタンスセグメンテーションは重要な研究トピックである。種子の形状を計測する簡便な方法として，図7に示す従来手法のように，平面に種子をばらまいて撮影する方法が挙げられる。

その際，画像に写った無数の種子のインスタンスにアノテーションをつけるのは，非常に困難な作業である。しかも，作物種ごとに形状や見た目が大きく異なり，アノテーションコストが非常に大きい。そこで，少数の本物の種子のみをスキャナで取り込み「種子プール」とし，プールに含まれる種子のみにアノテーションを施す。そのプールから別途用意した背景画像にランダムに種子画像を貼り付けることでデータを合成することができる（図7参照）。Toda ら[39]は，このような単純なアプローチでも，実用に足る精度のセグメンテーションが可能であることを示した。植物ドメインに限った話ではないが，実世界データの特徴を十分に把握して合成データを作成すると，得られるモデルの頑健性が高まる例の1つである。

20) たくさん植物を育てなければならない，など。

21) 似たようなコンセプトは，人物[114]や動物[115]画像の合成などで行われている。

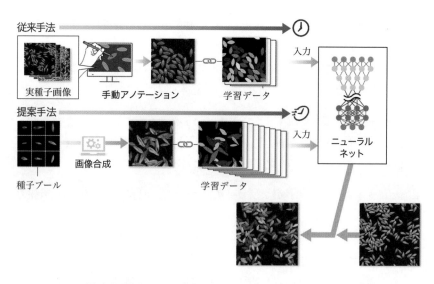

図7 種子形状解析用データ合成パイプライン（[39] より引用・翻訳）

収穫ロボットの訓練

　種子形状の測定への合成データの活用を紹介したが，種子の形状自体は不変であり，合成データに頼らずとも実種子画像を利用したデータセットの作成は，（労力を厭わなければ）いつでも可能である。しかしながら，対象が種子ではなく，葉や果実といった生育途中で形状や見た目が大きく変化する器官である場合はどうだろうか。ある生育段階の植物の葉の面積を求めたり，果実の個数や品質を特定したり，あるいはロボットアームを操作して果実の収穫を行ったりすることを目的としたデータは，特定の時期にしか収集できない。「晴天時のデータがほしいのに雨天が続いて駄目」，「優先されるべき栽培管理者の作業の隙間を縫ってデータを収集するのが困難」，「データ収集後に（量または質の面において）不足に気がついたが，そのときにはもう収穫されていた」，「病害が発生してデータがとれない」，「今年は（も）異常気象で植物の育ちが悪い」といった悲痛な嘆きをよく耳にする。そのたびに次の作付けを待っていては，時間がどれだけあっても足りない。このような状況でこそ，合成データを用いるアプローチは特に力を発揮する。

　2017 年，オランダのヴァーヘニンゲン大学の研究チームは，ピーマン自動収穫ロボットを開発していた。搭載されたカメラからピーマン果実の場所を認識する（いわゆる物体認識を行う）機械学習モデルの訓練のため，合成データを作成することにした [116]。ピーマンの株（植物体）を葉の形から茎の太さ，枝のパターンまで精細に測定した後，手続き型モデリングで3次元モデルを生成した。そして，3次元 CG ソフト（Blender）を用い，別途設計したグリーンハウス

実世界データ　　　　　　　　　　　合成データ

図8　栽培環境を再現した CG による合成データ。RGB 画像（両データの左図）とマスク画像（右図）が対となって構成される。目を凝らさないとどちらが CG なのかわからない（[117] より引用・翻訳）。

の3次元モデルと組み合わせてレンダリングすることで，大量の合成データを作成した（図8参照）。こうして得られた合成データをセグメンテーションモデルの事前学習に利用し，その後に少数の実世界由来のデータセットでファインチューニングすることで，低コストで収穫ロボット用学習を実現した [117]。この事例では，収穫ロボットの作業中の時間帯や天候を模倣するように合成データが作成されたが，設定を変えると夜間や早朝，雨天や曇天など多様なデータセットを作成することができ，実環境（場所や時間）の変更への対応が容易であることも合成データの利点である。本例は，3.1 項で紹介した植物 CG モデルの生成手法を機械学習に活かす好例であろう。

葉の面積や枚数の計測

2節で紹介したとおり，画像から植物の葉の面積や枚数を推定することは，農業形質の調査に役立つだけではなく，CV における問題設定としても興味深いテーマである。実際に，ロゼット型植物の葉のセグメンテーションや枚数の計測を目的とした CVPPP データセットが整備されており [44]（図9 (a)），農業 CV コミュニティでこのテーマに挑戦するための素材として活用されている。

CVPPP データセット（あるいは自前のデータセット）を「少数のアノテーション付き実世界データ」とし，合成データを活用して葉のセグメンテーションや枚数計測のモデルを改善しようとする研究が広く行われている（図9 (b)〜(e) 参照）。「コラージュ」のように葉を切り貼りして植物らしい画像を生成する手法 [118]，GAN を活用する手法 [119]，3次元モデルを作成してから2次元画像をレンダリングする手法 [120]，L-system [22] による発生過程のモデル [121] の利用など，さまざまなアプローチが存在する。どうにかしてデータ不足・アノテーション不足を補おうとする研究者らが苦心した足跡をたどることができる。

22) 詳細は 3.1 項参照。

(a) 実世界データ

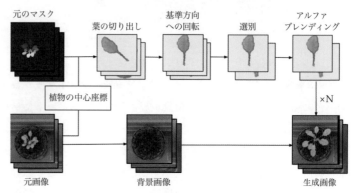

(b) コラージュによる生成

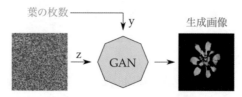

(c) GAN を利用した生成

(d) 3D モデルの利用

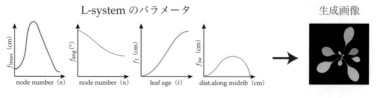

(e) L-system を利用した生成

図 9　多様なアプローチによる合成データ生成（(a) からそれぞれ [44], [118], [119], [120], [121] より引用・翻訳）

広がる合成データの利活用

　植物を対象とした CV タスクに合成データを活用することの有用性は，民間企業においても認知され始めている。米国ディア・アンド・カンパニー社は，機械学習を活用して作物と雑草を識別し，雑草のみに除草剤を散布する農機を開発・販売しており，そこで用いるセマンティックセグメンテーションモデルの訓練に合成データの活用を試みていることを報告している（Vision for Agriculture 2021, https://youtu.be/nF7FyWdUFf4）。また，ドイツが主導する農業データ・アルゴリズムフォーマット標準化プロジェクト "Agri-Gaia" に参画する企業の間で，技術開発の迅速化のために合成データの作成・共有が行われていることも示唆されている（https://www.bosch.com/stories/agri-gaia/）。最近では，Unity や Unreal Engine といったゲームエンジンに加え，Blender などの CG ソフトにおいて合成データを活用するためのライブラリやアドオンが充実しつつあり，以前に比べて専門的な知識がなくとも教師データの整備が可能になってきている。農業 CV ドメインにおいて（も），教師データ作成の第 1 ステップとして合成データの作成がプロジェクトパイプラインに組み込まれる時代になりつつある。それでもなお，有用な合成データの生成には，「どのような尺度（メトリクス）で植物を測定，解析したいのか」といったドメイン知識は欠かすことができず，学際的知見がますます重要になるだろう。

4.2　データ不足を補う学習方法

　4.1 項で述べたとおり，植物画像のデータセットでは，データ収集や正解ラベルの付与に相当な労力がかかり，ラベル付けに専門的な知識も必要になるため，多くの大規模データセットが公開されている一般の物体認識とは違い，大量のラベル付きデータを利用できないことが多い。深層学習ベースの手法は，学習データ数が多ければ多いほど精度が向上する。一方，学習データが少ない場合は精度が低く，深層学習を用いない画像認識技術が深層学習ベースの手法を上回る。しかし，植物画像はその撮影環境や形状としての複雑さゆえ，タスク自体が難しく，深層学習を用いないと不十分な性能しか得られない。そこで，ラベル付きデータが少量しかない場合であっても，深層学習ベースの画像認識を利用できるように，正解ラベルが付与されていなかったり，目的のタスクにとって不十分なラベルしか付与されていないデータを活用する手法が提案されている。ここでは，これらの学習手法のうち，半教師あり学習，弱教師あり学習，自己教師あり学習について概要を説明した後，植物画像処理への利用例を紹介する。

半教師あり学習

半教師あり学習は，正解ラベルが一部のデータにのみ付与されており（教師ありデータ），残りの学習データには正解ラベルが付与されていない（教師なしデータ）データセットで学習を行う手法である。正解ラベルが付与されていないデータをどのように活用するかが，学習をする上で重要であり，主に2つの方法がとられている。1つ目は，ブートストラップ法と呼ばれる手法である。ブートストラップ法では，教師ありデータを用いて何かしらの識別器を構築し，この識別器を用いて教師なしデータを分類してラベルを付与する。そして，その中でも分類の信頼度が高いものを取り出し，学習に用いる。2つ目は，教師なしデータの分布を用いる手法である。教師なしデータの分布から，データをより良く表現する特徴表現（特徴量）を学習し，この特徴量をもとに教師ありデータを用いて学習を行う。

植物画像に対する半教師あり学習では，前者のブートストラップ法が主流である。植物の栽培管理に関係するものとしては，植物の病害虫の認識 [122, 123] や，雑草と作物の分類 [124] がある。また，ブドウ圃場の栽培管理の自動化を目的とし，画像から葉や実の領域を検出するものがある [125]。ほかに，フェノタイピングを目的とした形質計測にも，半教師あり学習が利用されている。たとえば，ソルガムの穂の検出 [126] や，トウモロコシの収穫量推定のための房の検出と実の計数 [127] がある。このほかにも，ドローンなどの無人航空機（unmanned aerial vehicle; UAV）により撮影された画像からの，水田の検出 [128] や，木の樹冠（樹木の枝や葉の茂っている部分）の検出 [129] が提案されている。

弱教師あり学習

弱教師あり学習は，目的のタスクで必要な教師データの一部の情報のみを与えるラベルが付与された学習データを用いる[23]。たとえば，セマンティックセグメンテーションにおいては，本来画素単位のラベルが必要である。ラベル付けコストを低減するためには，たとえば画像中に含まれる物体カテゴリのみを教師データとして与え，これを学習したネットワークから抽出される特徴量をもとにセグメンテーションを実施することが考えられる。こうすれば，ラベル付けのコストが削減できる上，たとえば [130] のように，Flickr などのソーシャルメディアに掲載されたタグ付きの画像を利用して画像中の物体の教師データを作成すれば，ラベル付け作業をなくすことも可能である。

植物画像処理では，画像中の実の有無を教師データとし，実の計数をしている研究 [131] が挙げられる。[131] では，植物画像認識には珍しく，オリーブ，アーモンド，リンゴなどの複数の種類の植物の実の計数に成功している。すな

[23] データセットの一部にのみラベル付きデータが存在する場合（半教師あり学習）も含めて，広義に弱教師あり学習と呼ぶ場合もあるが，本稿では，半教師あり学習と弱教師あり学習を明確に分けることにする。

わち，個々にラベル付けを行う場合よりもより汎用的な計数を実現している。また，顕著性マップ（saliency map）を使って害虫が存在しそうな領域を教師データとして与え，害虫の種類を識別したり [132]，収穫時のジャガイモの画像の状態を 6 種類に分類した正解データを与え，キズを検出する [133] といったことが試みられている。半教師あり学習と同様，UAV 画像にも適用例があり，ポイントアノテーションの教師データを用いて樹冠領域の検出と計数を行った研究 [134] が挙げられる。いずれの場合も，目的のタスクの教師データの作成は非常にコストがかかることから，弱教師あり学習により大幅に教師データ作成のコストが軽減されている。

自己教師あり学習

教師データは基本的に人手により与えられるのに対し，自己教師あり学習と呼ばれる手法は，教師データを自動的に付与してネットワークを学習する。自己教師あり学習では，目的のタスク（target task）とは異なる擬似的なタスク（pretext task）により学習した特徴表現を用いて，目的のタスクを解くことが一般的に行われる。タスクの組み合わせによっては，人手によるラベル付けをまったく要求しないことも可能である。画像認識用途で代表的なものとしては，画像のカラー化 [135] や，ジグソーパズル [136]，画像の回転角の予測 [137]，画像中の対象物体の計数 [138] などが挙げられる。

植物画像での利用例としては，単子葉植物の枝分かれである分げつ数を推定した例がある [139]。この研究では，画像から植物の面積や縦横比を推定するタスクで得られた特徴表現を活用し，少数の教師ありデータのみからの分げつ数の推定を可能にしている。

教師なしドメイン適応の実例：EasyDAM

教師ありデータと教師なしデータ間にドメインシフト[24] がある半教師あり学習は，教師なしドメイン適応（unsupervised domain adaptation; UDA）の文脈で扱われることが多い。特に，植物は作物種や環境によってドメイン変化が大きく，ドメイン適応は避けて通れない道である。ここでは，教師なしドメイン適応を植物分野で用いた好例として，EasyDAM [25, 140] を紹介する。

EasyDAM は，収量予測，自動収穫など，果樹園におけるスマート農業の技術基盤となる深層学習による果実検出に注目する。GAN を用いたドメイン適応を行い，目標ドメインの擬似ラベル（pseudo label）を生成することで，自動的にアノテーション作業を行うとともに，精度向上を目指す [25]。この手法は，果樹についた果実特有の特徴（形状や背景の見た目がある程度似ている）をうまく活用する。

[24] 2 つのデータ間の分布のズレ。

目標ドメインとしてリンゴ園のリンゴを検出するモデルを構築することを考える。画像データにラベルがないとき，形が似たアノテーション済みのデータを探し（たとえば，ミカン園で取得されアノテーション作業が行われた公開データセット），ソースドメインとする。ここで，CycleGAN [141] を用いて，ミカン画像の果実位置を維持したまま，リンゴ画像（擬似画像）に変換する。アノテーション情報と擬似画像を学習データとして，リンゴを検出するモデルを構築し，擬似ラベルを作成する。さらに，EasyDAM では，ラベルのノイズ除去とモデル更新を繰り返す，擬似ラベルによる自己学習（pseudo-label self-learning）によってラベルを修正する。

以上のように，果樹などに含まれる「植物の見た目の類似性」をうまく用いることがデータ獲得の 1 つの手段となる。一方，CycleGAN は形状の変換がそれほど得意でないことが経験的に知られており，EasyDAM v2 [140] は，多少形状が異なる果実もうまく生成できるよう，複数レイヤーの特徴量を併用する Across-CycleGAN を提案した。これにより，ソースドメインをミカンにしたまま，目標ドメインをたとえばドラゴンフルーツやマンゴーにしても，全自動で高精度なラベルを生成できることが示された。

4.3　データの収集：「麦コンペ」の裏側

読者の中には，2020〜2021 年頃にコンペ界隈で話題になった「麦コンペ」を覚えている方が多いのではないだろうか。Global Wheat Head Detection（GWHD）Challenge，通称「麦コンペ」は，国際的な協力によって収集された植物画像データセット（GWHD データセット）に基づいた，植物分野における大掛かりなデータセットの構築例である。以下，「麦コンペの中の人」の一人（郭）が，その舞台裏を解説する。

背景

農作物の育種，栽培の研究では，圃場に栽培されている植物のさまざまな形質を計測するフェノタイピング作業が日々行われている。たとえば穀物であるイネや麦の収量調査では，圃場の一部を刈って，単位面積の穂数，穂長，1 穂粒数などを測定する必要がある。また，野菜や果物では，花や果実の数，サイズ，成熟度を測定する必要がある。

前述のとおり，深層学習によって著しく発展した近年の CV 技術が，植物フェノタイピングの自動化に大いに貢献することが期待される。しかし，学習データセットの収集・構築にかかる膨大な労力が，植物 CV 技術の実応用へのボトルネックとなっている。

図 10 はイネ画像とソルガム画像のアノテーションの例を示しており，植物

 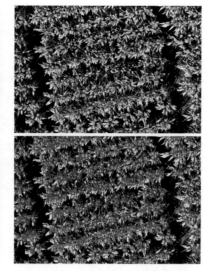

(a) イネ画像（高さ 2 m から撮影）　　(b) ソルガム画像（高さ 10 m から撮影）

図 10　農学分野の画像認識向け画像およびアノテーション例。(a) 地上撮影に
よるイネの出穂セグメンテーション向け（目標物体：稲穂，1 枚の画像におけ
るラベル付け：100 ポリゴン以上）。(b) UAV 撮影によるソルガム穂の計数向け
（目標物体：ソルガム穂，1 枚の画像におけるラベル付け：500 以上のバウンディ
ングボックス）。

CV データセットの構築時の大変さを読み取ることができる。同じ名前の物体
（「穂」など）でも，品種ごと，生育期間ごとに形や色，模様などが異なるため，
他の分野と比べると，農作物研究における CV ではベンチマークデータセット
やベースラインモデルが極めて少ない。

Global Wheat Head Detection（GWHD）データセット

　穂の認識は，作物の収量評価に重要な単位面積当たりの穂数の調査に有用で
あるが，CV 分野において挑戦的な課題である。これは，穂自体が画像中で小
さく撮影されており，さらに観察条件，品種の違い，生育ステージ，穂の向き
などにばらつきがあるためである。また，風によるモーションブラーや，密集
した個体群による重なりなど，正確な認識を阻害する要因も多数存在する。

　そこで，汎用性のある穂検出モデルの作成を可能にするため，世界各国の研
究者と協力し，大規模で多様性に富む，ラベル付けされたコムギ穂の画像デー
タセットの構築を目標にしたプロジェクトが 2019 年から始められた。現在ま
でに 12 か国，14 大学/研究所からのデータが集積されている [49]。このデータ
セットには合計 6,500 枚[25] 以上の画像データが含まれており，収集した画像は
撮影手段と機材が異なるため，画像サイズや撮影条件を揃えるプロセスが必要

[25] 画像数は少ないように見え
るが，アノテーションされた
穂数は，後述のようにその数
十倍（27 万以上）である。

であった。具体的には，データセット内の画像のサイズは 1,024×1,024 画素に揃えてあり，1 枚の画像当たり約 20〜70 個のコムギ穂が含まれるようになっている。

コムギ穂のアノテーションを効率化するため，能動学習ベースの手法 [126] が用いられた。ラベル付けが済んだ画像からオンライン学習を行い，人間の判断が必要なところだけを提案するようにしたことで，従来よりも極めて効率良くラベル付けを行えるようになった。さらに，それぞれのアノテーション結果に対して，複数名による再検討および手動修正を行い，最終的に約 27 万以上のコムギ穂の画像を格納したデータセットが構築された。

コンペの結末と今後

2020 年 5 月，植物フェノタイピングの国際的な研究者団体である，国際植物フェノタイピングネットワーク（International Plant Phenotyping Network; IPPN）が中心となり，ECCV2020 のワークショップとして CVPPP2020（Computer Vision Problems in Plant Phenotyping）が開催された。GWHD Challenge は，このワークショップで企画され，Kaggle でコンペが開催された（https://www.kaggle.com/c/global-wheat-detection）。

コンペは 2020 年 5 月 4 日から 8 月 4 日の 3 か月間に及び，合計 2,245 名の参加者が集まり，CV 分野において広く注目された。このコンペで設定された評価基準でトップ 3 に入ったモデルは，既存モデルの組み合わせとハイパーパラメータのチューニングを活用していた。他のモデルを含めて，残念ながら新しいモデルアーキテクチャの提案はなかったが，このタスクではデータ拡張や擬似ラベルが有効であることが示された。こうした成果があったものの，コンペで優勝したモデルを他のコムギデータに当てはまると，精度が大幅に落ちることが後の考察で判明した [142]。世界各地から画像を収集し，ヘテロジーニアスな大規模データセットを作成したとしても，当初期待された汎用性のあるソリューションが得られなかったことは重要な教訓である。人工的にコントロールされていない実世界（in-the-wild）の問題には，いまだドメインシフトが至るところにあり，かつその影響が大きいことがわかる。この議論をさらに先に進めるため，ICLR2021 の論文 [143] では，GWHD を含むさまざまなデータセットに含まれるドメインシフトに注目したベンチマークを提供している。

5　議論：結局，CV に足りないものは何か

　ここまで，植物と CV の関連についてさまざまな話題を紹介してきた。植物への CV 応用だけではなく，植物を題材/ベンチマークに使って開発された CV の新手法が多く提案されている。これまでの議論を踏まえると，現在の CV 分野と（植物分野における）実応用のギャップが見えてくる。植物 CV に触れてわかったこと（あるいは本稿を書きながら見えてきたこと）をいくつか挙げておく。

事前知識の活用

　植物科学には，これまで培われてきた事前知識（ヒューリスティクス）がたくさんある。植物 CV のようにデータが少ない分野においては，事前知識を有効活用すべきであることはいうまでもない。一方で，データドリブンの手法（深層学習など）は，事前知識を有効に扱う枠組みが限られている。そのため，たとえば植物の 3 次元構造復元において「枝はすべて繋がっている」とか，「枝ぶりは（グラフ構造的な意味で）木構造をなさなければならない」といった制約を課すことは簡単ではない。より高度（？）な知識の例として，「この品種は，同じ場所から 3 枚ずつ葉が出てくる」といったものもあるが，植物の葉のセグメンテーションタスクなどにおいてこの手の知識を利用することは，一筋縄ではいかない問題である。

ドメインシフト

　4.3 項で紹介したとおり，実問題のドメイン間の変化は，現状の CV 技術（特に深層学習モデル）にとっては大きすぎるようである。タスクが同じ（麦の穂の検出）であり，かつ世界各国で収集された画像群でモデルを訓練したとしても，汎化しない。機械学習における最も重要な問題（汎化性）は，やはり実問題においても非常に重要かつ深刻であることが示唆される。

すごく in-the-wild なタスク

　CV 分野の論文タイトルなどで，人工的にコントロールされていない環境下という意味合いで，"in-the-wild" というフレーズがしばしば用いられる。植物 CV においては，たとえば圃場に密植された植物の個体セグメンテーション（図 1（右））のように「すごく in-the-wild 感ある」タスク[26] が頻出する。CV の最新手法群でも，これらのタスクにはまだまだ手が出ないのが現状である。

[26] 図 1 の例ですら，人工的な規則に従って植えてあるので，その点では人工的にコントロールされた環境である。

遮蔽を考慮した CV

既存の3次元復元手法（あるいは多くの CV タスク）の限界は，隠れた形状や構造の復元の困難さにある。草木の葉は多数の遮蔽を含むため，遮蔽下の形状や構造の推定は実用上不可欠である。画像変換を用いて遮蔽部分を含む3次元構造を復元する試みがある [104] が，まだ途上である。また，形状のみならずテクスチャの再現も試みる必要がある場合は，問題がさらに難しくなる。一般に CV は「見えているもの」の解析が主であるが[27]，「見えないもの/隠れているもの」の推定は，実際に考えられているよりも実用上重要かもしれない。

内部状態の推定

植物の形質を計測する重要な目的の1つとして，植物の内部状態を推定することが挙げられる。たとえば，植物は環境（水や温度など）に対して複雑なストレス反応を見せ，ストレス反応の一部は目に見える形質（葉のしおれなど）に表れる。これらの内部状態と形質の関連は経験的に知られているが，この関係を緻密に定量化し，さらにはこれまで知られていない関連性を見出すこともまた，植物 CV に期待される重要な役目である。内部状態の推定は，一般の CV タスクである人画像の解析においても重要な課題（たとえば感情や人間関係の推定）であるが，植物 CV においては，内部状態推定に関する研究を進めるために，CV 分野と植物科学分野双方の研究者の深い連携が不可欠である点が特徴的である。

他分野への歩み寄り

主要国際会議の論文投稿数から，CV 分野がかつてない盛り上がりを見せていることが見て取れる。一方，かなり多くの研究者が（データが十分にある，解きやすい）同じ問題を解くことに集中しているようにも見える。これはもちろん重要である[28] が，研究者の数は，「この世界にある解決されるべき実問題の数」より圧倒的に少ないはずである。特定トピックに研究リソースが集中することは，せっかくの CV 分野の盛り上がりが十分に活かされないことに繋がるだろう。CV 分野のトップカンファレンス論文の多くを見ると，その引用文献のほとんどが CV か ML のトップカンファレンスとトップジャーナルの論文ばかりになっており，CV 分野が他分野の知見を十分に活かしていない（活かしているにしても，ML や NLP など情報系の隣接分野のものに限られる）ように見える。このことは，長期的観点から見てこの分野にとって好ましくなく，このままでは（研究人口の増加に反して）分野が「しぼんでいく」，すなわち，同じ問題群ばかり解き続け，主要タスクのパフォーマンスが頭打ちになると，実問題と関連が薄い問題設定[29] を作り出しては解くことを繰り返し，そのうち分

27) 非視線方向（non-line-of-sight; NLOS）イメージングや，画像修復（image completion/inpainting），アモーダルセグメンテーション（amodal segmentation）など，「遮蔽下CV」と呼べるような技術はたくさんある。

28) 筆者の一人（大倉）もやはり，NeRF も画像生成も（楽しいし好きなので）ちゃっかりやっている。が，レッドオーシャン特有の心労は絶えない。

29) つまり，研究のためだけの問題設定。

野ごと消えていくことが危惧される[30]。他分野に歩み寄り，他分野で起こりうる問題を発見し，それを CV 分野にフィードバックするような貢献は，CV 分野の長期的な発展に向けて重要であろう[31]。

おわりに

　NeRF や画像生成や（以下略）のレッドオーシャンに疲れてきた？ ならみんなで植物やりましょう。**イマドキなブルーオーシャンで待ってます :)**

参考文献

[1] Matsui, T. and Eguchi, H.: Computer control of plant growth by image processing I. Mathematical representation of relation between growth and pattern area taken in photographs of plants, *Environment Control in Biology*, Vol. 14, No. 1, pp. 1–7 (1976).

[2] Eguchi, H. and Matsui, T.: Computer control of plant growth by image processing II. Pattern recognition of growth in on-line system, *Environment Control in Biology*, Vol. 15, No. 2, pp. 37–45 (1977).

[3] 矢部志央理, 上原奏子, 吉津祐貴, 渡辺翔, 野下浩司: 育種学と農学のこれからを考える 30 〜フェノタイピングは頭痛の種？〜, 育種学研究, Vol. 18, No. 2, pp. 67–71 (2016).

[4] Söderkvist, O.: Computer vision classification of leaves from Swedish trees, Master's thesis, Linkoping University (2001).

[5] Van Horn, G., Mac Aodha, O., Song, Y., Cui, Y., Sun, C., Shepard, A., Adam, H., Perona, P. and Belongie, S.: The iNaturalist species classification and detection dataset, *Proc. IEEE/CVF Conference on Computer Vision and Pattern Recognition (CVPR)*, pp. 8769–8778 (2018).

[6] Garcin, C., Joly, A., Bonnet, P., Lombardo, J.-C., Affouard, A., Chouet, M., Servajean, M., Salmon, J. and Lorieul, T.: Pl@ntNet-300K: A plant image dataset with high label ambiguity and a long-tailed distribution, *Proc. Advances in Neural Information Processing Systems (NeurIPS)* (2021).

[7] Cui, Y., Song, Y., Sun, C., Howard, A. and Belongie, S.: Large scale fine-grained categorization and domain-specific transfer learning, *Proc. IEEE/CVF Conference on Computer Vision and Pattern Recognition (CVPR)*, pp. 4109–4118 (2018).

[8] Cui, Y., Jia, M., Lin, T.-Y., Song, Y. and Belongie, S.: Class-balanced loss based on effective number of samples, *Proc. IEEE/CVF Conference on Computer Vision and Pattern Recognition (CVPR)*, pp. 9268–9277 (2019).

[9] He, K., Fan, H., Wu, Y., Xie, S. and Girshick, R.: Momentum contrast for unsupervised visual representation learning, *Proc. IEEE/CVF Conference on Computer Vision and Pattern Recognition (CVPR)*, pp. 9729–9738 (2020).

[10] Misra, I. and van der Maaten, L.: Self-supervised learning of pretext-invariant representations, *Proc. IEEE/CVF Conference on Computer Vision and Pattern Recognition (CVPR)*, pp. 6707–6717 (2020).

[11] Hughes, D. and Salathé, M.: An open access repository of images on plant

30) たとえば，国際会議に投稿する著者全員に査読を課すといった議論は，CV 論文に他分野の著者が含まれることを想定しておらず，CV 分野にとって好ましくない。植物モデリングに植物学者が一役買っていたという前述の歴史を今一度，思い返したい。

31) たとえば，分野の垣根を越えて原稿を書いてみると良い知見が得られるかもしれず，オススメである（……たとえば本稿のように）。

health to enable the development of mobile disease diagnostics, *arXiv preprint arXiv:1511.08060* (2015).

[12] Toda, Y. and Okura, F.: How convolutional neural networks diagnose plant disease, *Plant Phenomics*, Vol. 2019, 9237136 (2019).

[13] Mohanty, S. P., Hughes, D. P. and Salathé, M.: Using deep learning for image-based plant disease detection, *Frontiers in Plant Science*, Vol. 7, p. 1419 (2016).

[14] Ghosal, S., Blystone, D., Singh, A. K., Ganapathysubramanian, B., Singh, A. and Sarkar, S.: An explainable deep machine vision framework for plant stress phenotyping, *Proc. National Academy of Sciences*, Vol. 115, No. 18, pp. 4613–4618 (2018).

[15] Esgario, J. G., Krohling, R. A. and Ventura, J. A.: Deep learning for classification and severity estimation of coffee leaf biotic stress, *Computers and Electronics in Agriculture*, Vol. 169, 105162 (2020).

[16] Hasan, A. M., Sohel, F., Diepeveen, D., Laga, H. and Jones, M. G.: A survey of deep learning techniques for weed detection from images, *Computers and Electronics in Agriculture*, Vol. 184, 106067 (2021).

[17] Oh, S., Chang, A., Ashapure, A., Jung, J., Dube, N., Maeda, M., Gonzalez, D. and Landivar, J.: Plant counting of cotton from UAS imagery using deep learning-based object detection framework, *Remote Sensing*, Vol. 12, No. 18, p. 2981 (2020).

[18] Perugachi-Diaz, Y., Tomczak, J. M. and Bhulai, S.: Deep learning for white cabbage seedling prediction, *Computers and Electronics in Agriculture*, Vol. 184, 106059 (2021).

[19] Samiei, S., Rasti, P., Ly Vu, J., Buitink, J. and Rousseau, D.: Deep learning-based detection of seedling development, *Plant Methods*, Vol. 16, No. 1, pp. 1–11 (2020).

[20] Jiang, Y., Li, C., Paterson, A. H. and Robertson, J. S.: DeepSeedling: Deep convolutional network and Kalman filter for plant seedling detection and counting in the field, *Plant Methods*, Vol. 15, No. 1, pp. 1–19 (2019).

[21] Guo, W., Fukano, Y., Noshita, K. and Ninomiya, S.: Field-based individual plant phenotyping of herbaceous species by unmanned aerial vehicle, *Ecology and Evolution*, Vol. 10, No. 21, pp. 12318–12326 (2020).

[22] Weinstein, B. G., Marconi, S., Bohlman, S. A., Zare, A. and White, E. P.: Cross-site learning in deep learning RGB tree crown detection, *Ecological Informatics*, Vol. 56, 101061 (2020).

[23] Afonso, M., Fonteijn, H., Fiorentin, F. S., Lensink, D., Mooij, M., Faber, N., Polder, G. and Wehrens, R.: Tomato fruit detection and counting in greenhouses using deep learning, *Frontiers in Plant Science*, Vol. 11, 571299 (2020).

[24] Mu, Y., Chen, T.-S., Ninomiya, S. and Guo, W.: Intact detection of highly occluded immature tomatoes on plants using deep learning techniques, *Sensors*, Vol. 20, No. 10, p. 2984 (2020).

[25] Zhang, W., Chen, K., Wang, J., Shi, Y. and Guo, W.: Easy domain adaptation method for filling the species gap in deep learning-based fruit detection, *Horticulture Research*, Vol. 8, No. 1, p. 119 (2021).

[26] Chandra, A. L., Desai, S. V., Balasubramanian, V. N., Ninomiya, S. and Guo, W.: Active learning with point supervision for cost-effective panicle detection in cereal

crops, *Plant Methods*, Vol. 16, No. 1, pp. 1–16 (2020).

[27] Desai, S. V., Chandra, A. L., Guo, W., Ninomiya, S. and Balasubramanian, V. N.: An adaptive supervision framework for active learning in object detection, *Proc. British Machine Vision Conference (BMVC)* (2019).

[28] Itzhaky, Y., Farjon, G., Khoroshevsky, F., Shpigler, A. and Bar-Hillel, A.: Leaf counting: Multiple scale regression and detection using deep CNNs, *Proc. British Machine Vision Conference Workshops (BMVCW)* (2018).

[29] Aich, S. and Stavness, I.: Leaf counting with deep convolutional and deconvolutional networks, *Proc. IEEE/CVF International Conference on Computer Vision Workshops (ICCVW)*, pp. 2080–2089 (2017).

[30] Buzzy, M., Thesma, V., Davoodi, M. and Mohammadpour Velni, J.: Real-time plant leaf counting using deep object detection networks, *Sensors*, Vol. 20, No. 23, p. 6896 (2020).

[31] Fuentes, A., Yoon, S., Kim, S. C. and Park, D. S.: A robust deep-learning-based detector for real-time tomato plant diseases and pests recognition, *Sensors*, Vol. 17, No. 9, p. 2022 (2017).

[32] Li, D., Wang, R., Xic, C., Liu, L., Zhang, J., Li, R., Wang, F., Zhou, M. and Liu, W.: A recognition method for rice plant diseases and pests video detection based on deep convolutional neural network, *Sensors*, Vol. 20, No. 3, p. 578 (2020).

[33] Zhang, Y., Song, C. and Zhang, D.: Deep learning-based object detection improvement for tomato disease, *IEEE Access*, Vol. 8, pp. 56607–56614 (2020).

[34] Shen, Y., Zhou, H., Li, J., Jian, F. and Jayas, D. S.: Detection of stored-grain insects using deep learning, *Computers and Electronics in Agriculture*, Vol. 145, pp. 319–325 (2018).

[35] Kim, W.-S., Lee, D.-H. and Kim, Y.-J.: Machine vision-based automatic disease symptom detection of onion downy mildew, *Computers and Electronics in Agriculture*, Vol. 168, 105099 (2020).

[36] Ma, J., Du, K., Zheng, F., Zhang, L. and Sun, Z.: A segmentation method for processing greenhouse vegetable foliar disease symptom images, *Information Processing in Agriculture*, Vol. 6, No. 2, pp. 216–223 (2019).

[37] Mizushima, A. and Lu, R.: An image segmentation method for apple sorting and grading using support vector machine and Otsu's method, *Computers and Electronics in Agriculture*, Vol. 94, pp. 29–37 (2013).

[38] Makanza, R., Zaman-Allah, M., Cairns, J., Eyre, J., Burgueño, J., Pacheco, Á., Diepenbrock, C., Magorokosho, C., Tarekegne, A., Olsen, M. and Prasanna, B.: High-throughput method for ear phenotyping and kernel weight estimation in maize using ear digital imaging, *Plant Methods*, Vol. 14, No. 1, pp. 1–13 (2018).

[39] Toda, Y., Okura, F., Ito, J., Okada, S., Kinoshita, T., Tsuji, H. and Saisho, D.: Training instance segmentation neural network with synthetic datasets for crop seed phenotyping, *Communications Biology*, Vol. 3, No. 1, pp. 1–12 (2020).

[40] Bargoti, S. and Underwood, J.: Deep fruit detection in orchards, *Proc. IEEE International Conference on Robotics and Automation (ICRA)*, pp. 3626–3633 (2017).

[41] Kang, H. and Chen, C.: Fruit detection, segmentation and 3D visualisation of environments in apple orchards, *Computers and Electronics in Agriculture*, Vol. 171, 105302 (2020).

[42] Ni, X., Li, C., Jiang, H. and Takeda, F.: Deep learning image segmentation and extraction of blueberry fruit traits associated with harvestability and yield, *Horticulture Research*, Vol. 7 (2020).

[43] Häni, N., Roy, P. and Isler, V.: MinneApple: A benchmark dataset for apple detection and segmentation, *IEEE Robotics and Automation Letters*, Vol. 5, No. 2, pp. 852–858 (2020).

[44] Minervini, M., Fischbach, A., Scharr, H. and Tsaftaris, S. A.: Finely-grained annotated datasets for image-based plant phenotyping, *Pattern Recognition Letters*, Vol. 81, pp. 80–89 (2016).

[45] Kumar, J. P. and Domnic, S.: Image based leaf segmentation and counting in rosette plants, *Information Processing in Agriculture*, Vol. 6, No. 2, pp. 233–246 (2019).

[46] Itakura, K. and Hosoi, F.: Automatic leaf segmentation for estimating leaf area and leaf inclination angle in 3D plant images, *Sensors*, Vol. 18, No. 10, p. 3576 (2018).

[47] Das Choudhury, S., Goswami, S., Bashyam, S., Samal, A. and Awada, T.: Automated stem angle determination for temporal plant phenotyping analysis, *Proc. IEEE/CVF International Conference on Computer Vision Workshops (ICCVW)*, pp. 2022–2029 (2017).

[48] David, E., Madec, S., Sadeghi-Tehran, P., Aasen, H., Zheng, B., Liu, S., Kirchgessner, N., Ishikawa, G., Nagasawa, K., Badhon, M. A., Pozniak, C., de Solan, B., Hund, A., Chapman, S. C., Baret, F., Stavness, I. and Guo, W.: Global Wheat Head Detection (GWHD) dataset: A large and diverse dataset of high-resolution RGB-labelled images to develop and benchmark wheat head detection methods, *Plant Phenomics*, Vol. 2020 (2020).

[49] David, E., Serouart, M., Smith, D., Madec, S., Velumani, K., Liu, S., Wang, X., Pinto, F., Shafiee, S., Tahir, I. S. A., Tsujimoto, H., Nasuda, S., Zheng, B., Kirchgessner, N., Aasen, H., Hund, A., Sadhegi-Tehran, P., Nagasawa, K., Ishikawa, G., Dandrifosse, S., Carlier, A., Dumont, B., Mercatoris, B., Evers, B., Kuroki, K., Wang, H., Ishii, M., Badhon, M. A., Pozniak, C., LeBauer, D. S., Lillemo, M., Poland, J., Chapman, S., de Solan, B., Baret, F., Stavness, I. and Guo, W.: Global Wheat Head Detection 2021: An improved dataset for benchmarking wheat head detection methods, *Plant Phenomics*, Vol. 2021 (2021).

[50] Lu, Y. and Young, S.: A survey of public datasets for computer vision tasks in precision agriculture, *Computers and Electronics in Agriculture*, Vol. 178, 105760 (2020).

[51] Okura, F.: 3D modeling and reconstruction of plants and trees: A cross-cutting review across computer graphics, vision, and plant phenotyping, *Breeding Science*, Vol. 72, No. 1, pp. 31–47 (2022).

[52] Smelik, R. M., Tutenel, T., Bidarra, R. and Benes, B.: A survey on procedural modelling for virtual worlds, *Computer Graphics Forum*, Vol. 33, No. 6, pp. 31–50 (2014).

[53] Aono, M. and Kunii, T. L.: Botanical tree image generation, *IEEE Computer Graphics*

and Applications, Vol. 4, No. 5, pp. 10–34 (1984).

[54] Lindenmayer, A.: Mathematical models for cellular interactions in development I. Filaments with one-sided inputs, *Journal of Theoretical Biology*, Vol. 18, No. 3, pp. 280–299 (1968).

[55] Prusinkiewicz, P. and Lindenmayer, A.: *The Algorithmic Beauty of Plants*, Springer Science & Business Media (2012).

[56] Prusinkiewicz, P., Lindenmayer, A. and Hanan, J.: Development models of herbaceous plants for computer imagery purposes, *Proc. SIGGRAPH*, pp. 141–150 (1988).

[57] Deussen, O., Hanrahan, P., Lintermann, B., Měch, R., Pharr, M. and Prusinkiewicz, P.: Realistic modeling and rendering of plant ecosystems, *Proc. SIGGRAPH*, pp. 275–286 (1998).

[58] Palubicki, W., Horel, K., Longay, S., Runions, A., Lane, B., Měch, R. and Prusinkiewicz, P.: Self-organizing tree models for image synthesis, *ACM Transactions on Graphics*, Vol. 28, No. 3, pp. 1–10 (2009).

[59] Deussen, O. and Lintermann, B.: *Digital Design of Nature: Computer Generated Plants and Organics*, Springer Science & Business Media (2005).

[60] Stava, O., Pirk, S., Kratt, J., Chen, B., Měch, R., Deussen, O. and Benes, B.: Inverse procedural modelling of trees, *Computer Graphics Forum*, Vol. 33, No. 6, pp. 118–131 (2014).

[61] Shlyakhter, I., Rozenoer, M., Dorsey, J. and Teller, S.: Reconstructing 3D tree models from instrumented photographs, *IEEE Computer Graphics and Applications*, Vol. 21, No. 3, pp. 53–61 (2001).

[62] Reche, A., Martin, I. and Drettakis, G.: Volumetric reconstruction and interactive rendering of trees from photographs, *ACM Transactions on Graphics*, Vol. 23, No. 3, pp. 720–727 (2004).

[63] Tanabata, T., Hayashi, A., Kochi, N. and Isobe, S.: Development of a semi-automatic 3D modeling system for phenotyping morphological traits in plants, *Proc. Annual Conference of the IEEE Industrial Electronics Society (IECON)*, pp. 5439–5444 (2018).

[64] Wu, S., Wen, W., Wang, Y., Fan, J., Wang, C., Gou, W. and Guo, X.: MVS-Pheno: A portable and low-cost phenotyping platform for maize shoots using multiview stereo 3D reconstruction, *Plant Phenomics*, Vol. 2020 (2020).

[65] Bernotas, G., Scorza, L. C., Hansen, M. F., Hales, I. J., Halliday, K. J., Smith, L. N., Smith, M. L. and McCormick, A. J.: A photometric stereo-based 3D imaging system using computer vision and deep learning for tracking plant growth, *GigaScience*, Vol. 8, No. 5, giz056 (2019).

[66] Zhang, W., Hansen, M. F., Smith, M., Smith, L. and Grieve, B.: Photometric stereo for three-dimensional leaf venation extraction, *Computers in Industry*, Vol. 98, pp. 56–67 (2018).

[67] Uto, K., Dalla Mura, M., Sasaki, Y. and Shinoda, K.: Estimation of leaf angle distribution based on statistical properties of leaf shading distribution, *Proc. IEEE International Geoscience and Remote Sensing Symposium (IGARSS)*, pp. 5195–5198 (2020).

[68] Runions, A., Fuhrer, M., Lane, B., Federl, P., Rolland-Lagan, A.-G. and

Prusinkiewicz, P.: Modeling and visualization of leaf venation patterns, *ACM Transactions on Graphics*, Vol. 24, No. 3, pp. 702–711 (2005).

[69] Bucksch, A.: A practical introduction to skeletons for the plant sciences, *Applications in Plant Sciences*, Vol. 2, No. 8 (2014).

[70] Livny, Y., Yan, F., Chen, B., Olson, M., Zhang, H. and El-Sana, J.: Automatic reconstruction of tree skeletal structures from point clouds, *ACM Transactions on Graphics*, Vol. 29, No. 6, pp. 1–8 (2010).

[71] Livny, Y., Pirk, S., Cheng, Z., Yan, F., Deussen, O., Cohen-Or, D. and Chen, B.: Texture-lobes for tree modelling, *ACM Transactions on Graphics*, Vol. 30, No. 4, pp. 1–10 (2011).

[72] Xu, H., Gossett, N. and Chen, B.: Knowledge and heuristic-based modeling of laser-scanned trees, *ACM Transactions on Graphics*, Vol. 26, No. 4, pp. 19–es (2007).

[73] Tao, S., Guo, Q., Xu, S., Su, Y., Li, Y. and Wu, F.: A geometric method for wood-leaf separation using terrestrial and simulated lidar data, *Photogrammetric Engineering & Remote Sensing*, Vol. 81, No. 10, pp. 767–776 (2015).

[74] Digumarti, S. T., Nieto, J., Cadena, C., Siegwart, R. and Beardsley, P.: Automatic segmentation of tree structure from point cloud data, *IEEE Robotics and Automation Letters*, Vol. 3, No. 4, pp. 3043–3050 (2018).

[75] Zhang, X., Li, H., Dai, M., Ma, W. and Quan, L.: Data-driven synthetic modeling of trees, *IEEE Transactions on Visualization and Computer Graphics*, Vol. 20, No. 9, pp. 1214–1226 (2014).

[76] Zermas, D., Morellas, V., Mulla, D. and Papanikolopoulos, N.: Extracting phenotypic characteristics of corn crops through the use of reconstructed 3D models, *Proc. IEEE/RSJ International Conference on Intelligent Robots and Systems (IROS)*, pp. 8247–8254 (2018).

[77] Sodhi, P., Vijayarangan, S. and Wettergreen, D.: In-field segmentation and identification of plant structures using 3D imaging, *Proc. IEEE/RSJ International Conference on Intelligent Robots and Systems (IROS)*, pp. 5180–5187 (2017).

[78] Wu, S., Wen, W., Wang, Y., Fan, J., Wang, C., Gou, W. and Guo, X.: MVS-Pheno: A portable and low-cost phenotyping platform for maize shoots using multiview stereo 3D reconstruction, *Plant Phenomics*, Vol. 2020 (2020).

[79] Gaillard, M., Miao, C., Schnable, J. and Benes, B.: Sorghum segmentation by skeleton extraction, *Proc. European Conference on Computer Vision Workshops (ECCVW)*, pp. 296–311 (2020).

[80] Hackenberg, J., Spiecker, H., Calders, K., Disney, M. and Raumonen, P.: SimpleTree: An efficient open source tool to build tree models from TLS clouds, *Forests*, Vol. 6, No. 11, pp. 4245–4294 (2015).

[81] Raumonen, P., Kaasalainen, M., Åkerblom, M., Kaasalainen, S., Kaartinen, H., Vastaranta, M., Holopainen, M., Disney, M. and Lewis, P.: Fast automatic precision tree models from terrestrial laser scanner data, *Remote Sensing*, Vol. 5, No. 2, pp. 491–520 (2013).

[82] Trochta, J., Krůček, M., Vrška, T. and Král, K.: 3D Forest: An application for

descriptions of three-dimensional forest structures using terrestrial LiDAR, *PLOS ONE*, Vol. 12, No. 5, pp. 1–17 (2017).

[83] Calders, K., Newnham, G., Burt, A., Murphy, S., Raumonen, P., Herold, M., Culvenor, D., Avitabile, V., Disney, M., Armston, J., et al.: Nondestructive estimates of above-ground biomass using terrestrial laser scanning, *Methods in Ecology and Evolution*, Vol. 6, No. 2, pp. 198–208 (2015).

[84] Liang, X., Kankare, V., Hyyppä, J., Wang, Y., Kukko, A., Haggrén, H., Yu, X., Kaartinen, H., Jaakkola, A., Guan, F., Holopainen, M. and Vastaranta, M.: Terrestrial laser scanning in forest inventories, *ISPRS Journal of Photogrammetry and Remote Sensing*, Vol. 115, pp. 63–77 (2016).

[85] Tan, P., Zeng, G., Wang, J., Kang, S. B. and Quan, L.: Image-based tree modeling, *ACM Transactions on Graphics*, Vol. 26, No. 3 (2007).

[86] Neubert, B., Franken, T. and Deussen, O.: Approximate image-based tree-modeling using particle flows, *ACM Transactions on Graphics*, Vol. 26, No. 3 (2007).

[87] Guo, J., Xu, S., Yan, D.-M., Cheng, Z., Jaeger, M. and Zhang, X.: Realistic procedural plant modeling from multiple view images, *IEEE Transactions on Visualization and Computer Graphics*, Vol. 26, No. 2, pp. 1372–1384 (2020).

[88] Bradley, D., Nowrouzezahrai, D. and Beardsley, P.: Image-based reconstruction and synthesis of dense foliage, *ACM Transactions on Graphics*, Vol. 32, No. 4 (2013).

[89] Beardsley, P. and Chaurasia, G.: Editable parametric dense foliage from 3D capture, *Proc. IEEE/CVF International Conference on Computer Vision (ICCV)*, pp. 5315–5324 (2017).

[90] Doi, T., Okura, F., Nagahara, T., Matsushita, Y. and Yagi, Y.: Descriptor-free multi-view region matching for instance-wise 3D reconstruction, *Proc. Asian Conference on Computer Vision (ACCV)*, pp. 581–599 (2021).

[91] Lopez, L. D., Ding, Y. and Yu, J.: Modeling complex unfoliaged trees from a sparse set of images, *Computer Graphics Forum*, Vol. 29, No. 7, pp. 2075–2082 (2010).

[92] Zhang, D., Xie, N., Liang, S. and Jia, J.: 3D tree skeletonization from multiple images based on PyrLK optical flow, *Pattern Recognition Letters*, Vol. 76, pp. 49–58 (2016).

[93] Teng, C.-H., Chen, Y.-S. and Hsu, W.-H.: Constructing a 3D trunk model from two images, *Graphical Models*, Vol. 69, No. 1, pp. 33–56 (2007).

[94] Alenya, G., Dellen, B. and Torras, C.: 3D modelling of leaves from color and ToF data for robotized plant measuring, *Proc. IEEE International Conference on Robotics and Automation (ICRA)*, pp. 3408–3414 (2011).

[95] Akbar, S. A., Elfiky, N. M. and Kak, A.: A novel framework for modeling dormant apple trees using single depth image for robotic pruning application, *Proc. IEEE International Conference on Robotics and Automation (ICRA)*, pp. 5136–5142 (2016).

[96] Zhang, C., Ye, M., Fu, B. and Yang, R.: Data-driven flower petal modeling with botany priors, *Proc. IEEE/CVF Conference on Computer Vision and Pattern Recognition (CVPR)*, pp. 636–643 (2014).

[97] Tan, P., Fang, T., Xiao, J., Zhao, P. and Quan, L.: Single image tree modeling, *ACM Transactions on Graphics*, Vol. 27, No. 5 (2008).

[98] Argudo, O., Chica, A. and Andujar, C.: Single-picture reconstruction and rendering of trees for plausible vegetation synthesis, *Computers & Graphics*, Vol. 57, pp. 55–67 (2016).

[99] Liu, Z., Wu, K., Guo, J., Wang, Y., Deussen, O. and Cheng, Z.: Single image tree reconstruction via adversarial network, *Graphical Models*, Vol. 117, 101115 (2021).

[100] Li, C., Deussen, O., Song, Y.-Z., Willis, P. and Hall, P.: Modeling and generating moving trees from video, *ACM Transactions on Graphics*, Vol. 30, No. 6, pp. 1–12 (2011).

[101] Quan, L., Tan, P., Zeng, G., Yuan, L., Wang, J. and Kang, S. B.: Image-based plant modeling, *ACM Transactions on Graphics*, Vol. 25, No. 3, pp. 599–604 (2006).

[102] Yan, F., Sharf, A., Lin, W., Huang, H. and Chen, B.: Proactive 3D scanning of inaccessible parts, *ACM Transactions on Graphics*, Vol. 33, No. 4 (2014).

[103] Yin, K., Huang, H., Long, P., Gaissinski, A., Gong, M. and Sharf, A.: Full 3D plant reconstruction via intrusive acquisition, *Computer Graphics Forum*, Vol. 35, No. 1, pp. 272–284 (2016).

[104] Isokane, T., Okura, F., Ide, A., Matsushita, Y. and Yagi, Y.: Probabilistic plant modeling via multi-view image-to-image translation, *Proc. IEEE/CVF Conference on Computer Vision and Pattern Recognition (CVPR)*, pp. 2906–2915 (2018).

[105] Isola, P., Zhu, J.-Y., Zhou, T. and Efros, A. A.: Image-to-image translation with conditional adversarial networks, *Proc. IEEE/CVF Conference on Computer Vision and Pattern Recognition (CVPR)*, pp. 1125–1134 (2017).

[106] Li, Y., Fan, X., Mitra, N. J., Chamovitz, D., Cohen-Or, D. and Chen, B.: Analyzing growing plants from 4D point cloud data, *ACM Transactions on Graphics*, Vol. 32, No. 6 (2013).

[107] Magistri, F., Chebrolu, N. and Stachniss, C.: Segmentation-based 4D registration of plants point clouds for phenotyping, *Proc. IEEE/RSJ International Conference on Intelligent Robots and Systems (IROS)*, pp. 2433–2439 (2020).

[108] Gélard, W., Herbulot, A., Devy, M. and Casadebaig, P.: 3D leaf tracking for plant growth monitoring, *Proc. IEEE International Conference on Image Processing (ICIP)*, pp. 3663–3667 (2018).

[109] Golla, T., Kneiphof, T., Kuhlmann, H., Weinmann, M. and Klein, R.: Temporal upsampling of point cloud sequences by optimal transport for plant growth visualization, *Computer Graphics Forum*, Vol. 39, No. 6, pp. 167–179 (2020).

[110] Zheng, Q., Fan, X., Gong, M., Sharf, A., Deussen, O. and Huang, H.: 4D reconstruction of blooming flowers, *Computer Graphics Forum*, Vol. 36, No. 6, pp. 405–417 (2017).

[111] Schunck, D., Magistri, F., Rosu, R. A., Cornelißen, A., Chebrolu, N., Paulus, S., Léon, J., Behnke, S., Stachniss, C., Kuhlmann, H., et al.: Pheno4D: A spatio-temporal dataset of maize and tomato plant point clouds for phenotyping and advanced plant analysis, *PLOS ONE*, Vol. 16, No. 8, e0256340 (2021).

[112] Russakovsky, O., Deng, J., Su, H., Krause, J., Satheesh, S., Ma, S., Huang, Z., Karpathy, A., Khosla, A., Bernstein, M., et al.: ImageNet large scale visual recogni-

tion challenge, *International Journal of Computer Vision*, Vol. 115, No. 3, pp. 211–252 (2015).

[113] Lin, T.-Y., Maire, M., Belongie, S., Hays, J., Perona, P., Ramanan, D., Dollár, P. and Zitnick, C. L.: Microsoft COCO: Common objects in context, *Proc. European Conference on Computer Vision (ECCV)*, pp. 740–755 (2014).

[114] Varol, G., Romero, J., Martin, X., Mahmood, N., Black, M. J., Laptev, I. and Schmid, C.: Learning from synthetic humans, *Proc. IEEE/CVF Conference on Computer Vision and Pattern Recognition (CVPR)*, pp. 109–117 (2017).

[115] Mu, J., Qiu, W., Hager, G. D. and Yuille, A. L.: Learning from synthetic animals, *Proc. IEEE/CVF Conference on Computer Vision and Pattern Recognition (CVPR)*, pp. 12386–12395 (2020).

[116] Arad, B., Balendonck, J., Barth, R., Ben-Shahar, O., Edan, Y., Hellström, T., Hemming, J., Kurtser, P., Ringdahl, O., Tielen, T., et al.: Development of a sweet pepper harvesting robot, *Journal of Field Robotics*, Vol. 37, No. 6, pp. 1027–1039 (2020).

[117] Barth, R., IJsselmuiden, J., Hemming, J. and Van Henten, E. J.: Data synthesis methods for semantic segmentation in agriculture: A Capsicum annuum dataset, *Computers and Electronics in Agriculture*, Vol. 144, pp. 284–296 (2018).

[118] Kuznichov, D., Zvirin, A., Honen, Y. and Kimmel, R.: Data augmentation for leaf segmentation and counting tasks in rosette plants, *Proc. IEEE/CVF Conference on Computer Vision and Pattern Recognition Workshops (CVPRW)* (2019).

[119] Valerio Giuffrida, M., Scharr, H. and Tsaftaris, S. A.: AriGAN: Synthetic arabidopsis plants using generative adversarial network, *Proc. IEEE/CVF International Conference on Computer Vision Workshops (ICCVW)*, pp. 2064–2071 (2017).

[120] Ward, D., Moghadam, P. and Hudson, N.: Deep leaf segmentation using synthetic data, *arXiv preprint arXiv:1807.10931* (2018).

[121] Ubbens, J., Cieslak, M., Prusinkiewicz, P. and Stavness, I.: The use of plant models in deep learning: An application to leaf counting in rosette plants, *Plant Methods*, Vol. 14, No. 1, pp. 1–10 (2018).

[122] Amorim, W. P., Tetila, E. C., Pistori, H. and Papa, J. P.: Semi-supervised learning with convolutional neural networks for UAV images automatic recognition, *Computers and Electronics in Agriculture*, Vol. 164 (2019).

[123] Li, Y. and Chao, X.: Semi-supervised few-shot learning approach for plant diseases recognition, *Plant Methods*, Vol. 17 (2021).

[124] Khan, S., Tufail, M., Khan, M. T., Khan, Z. A., Iqbal, J. and Alam, M.: A novel semi-supervised framework for UAV based crop/weed classification, *PLOS ONE*, Vol. 16 (2021).

[125] Casado-García, A., Heras, J., Milella, A. and Marani, R.: Semi-supervised deep learning and low-cost cameras for the semantic segmentation of natural images in viticulture, *Precision Agriculture* (2022).

[126] Ghosal, S., Zheng, B., Chapman, S. C., Potgieter, A. B., Jordan, D. R., Wang, X., Singh, A. K., Singh, A., Hirafuji, M., Ninomiya, S., Ganapathysubramanian, B., Sarkar, S. and Guo, W.: A weakly supervised deep learning framework for sorghum head

detection and counting, *Plant Phenomics*, Vol. 2019 (2019).

[127] Khaki, S., Pham, H., Han, Y., Kuhl, A., Kent, W. and Wang, L.: DeepCorn: A semi-supervised deep learning method for high-throughput image-based corn kernel counting and yield estimation, *Knowledge-Based Systems*, Vol. 218 (2021).

[128] Wang, M., Wang, J. and Chen, L.: Mapping paddy rice using weakly supervised long short-term memory network with time series sentinel optical and SAR images, *Agriculture*, Vol. 10, pp. 1–19 (2020).

[129] Weinstein, B. G., Marconi, S., Bohlman, S., Zare, A. and White, E.: Individual tree-crown detection in RGB imagery using semi-supervised deep learning neural networks, *Remote Sensing*, Vol. 11, No. 11, p. 1309 (2019).

[130] Zhang, W., Zeng, S., Wang, D. and Xue, X.: Weakly supervised semantic segmentation for social images, *Proc. IEEE/CVF Conference on Computer Vision and Pattern Recognition (CVPR)*, pp. 2718–2726 (2015).

[131] Bellocchio, E., Ciarfuglia, T. A., Costante, G. and Valigi, P.: Weakly supervised fruit counting for yield estimation using spatial consistency, *IEEE Robotics and Automation Letters*, Vol. 4, pp. 2348–2355 (2019).

[132] Bollis, E., Pedrini, H. and Avila, S.: Weakly supervised learning guided by activation mapping applied to a novel citrus pest benchmark, *Proc. IEEE/CVF Conference on Computer Vision and Pattern Recognition Workshops (CVPRW)* (2020).

[133] Marino, S., Beauseroy, P. and Smolarz, A.: Weakly-supervised learning approach for potato defects segmentation, *Engineering Applications of Artificial Intelligence*, Vol. 85, pp. 337–346 (2019).

[134] Tong, P., Han, P., Li, S., Li, N., Bu, S., Li, Q. and Li, K.: Counting trees with point-wise supervised segmentation network, *Engineering Applications of Artificial Intelligence*, Vol. 100, 104172 (2021).

[135] Zhang, R., Isola, P. and Efros, A. A.: Colorful image colorization, *Proc. European Conference on Computer Vision (ECCV)*, pp. 649–666 (2016).

[136] Noroozi, M. and Favaro, P.: Unsupervised learning of visual representations by solving jigsaw puzzles, *Proc. European Conference on Computer Vision (ECCV)*, pp. 69–84 (2016).

[137] Gidaris, S., Singh, P. and Komodakis, N.: Unsupervised representation learning by predicting image rotations, *Proc. International Conference on Learning Representations (ICLR)* (2018).

[138] Noroozi, M., Pirsiavash, H. and Favaro, P.: Representation learning by learning to count, *Proc. IEEE/CVF International Conference on Computer Vision (ICCV)* (2017).

[139] 内海ゆづ子, 中村浩一朗, 岩村雅一, 黄瀬浩一: Pretext task を用いた植物画像からの分げつ数の推定, 電子情報通信学会技術研究報告, Vol. 119, No. 64, pp. 265–270 (2019).

[140] Zhang, W., Chen, K., Zheng, C., Liu, Y. and Guo, W.: EasyDAM_V2: Efficient data labeling method for multishape, cross-species fruit detection, *Plant Phenomics*, Vol. 2022 (2022).

[141] Zhu, J.-Y., Park, T., Isola, P. and Efros, A. A.: Unpaired image-to-image translation using cycle-consistent adversarial networks, *Proc. IEEE/CVF International Conference*

on Computer Vision (ICCV), pp. 2223–2232 (2017).

[142] David, E., Ogidi, F., Guo, W., Baret, F. and Stavness, I.: Global Wheat Challenge 2020: Analysis of the competition design and winning models, *arXiv preprint arXiv:2105.06182* (2021).

[143] Koh, P. W., Sagawa, S., Marklund, H., Xie, S. M., Zhang, M., Balsubramani, A., Hu, W., Yasunaga, M., Phillips, R. L., Gao, I., et al.: Wilds: A benchmark of in-the-wild distribution shifts, *Proc. International Conference on Machine Learning (ICML)*, pp. 5637–5664 (2021).

おおくら ふみお（大阪大学）
かく い（東京大学）
とだ ようすけ（Phytometrics／名古屋大学）
うつみ ゆづこ（大阪公立大学）

フカヨミ Embodied AI
周囲の状況を素早く理解し行動するAIを目指して

■吉安祐介　■福島瑠唯　■村田哲也

1　はじめに

　深層学習や深層強化学習の発展により，AIは言語処理や画像認識の分野で人間を上回る性能に達し，囲碁をはじめとするゲームなどでプロを打ち負かすようになった。最近では，DALL·Eが初めて見る文章から写真と変わらない写実的な画像やアーティスト顔負けのクリエイティブな画像を生成し，世間を驚かせた。インターネットの世界のAIは，人間と同等かそれを上回る性能を発揮するだけではなく，ネット上の膨大なデータで学習した大規模モデルに蓄積されている知識を活用する，いわゆる「ゼロショット学習」によって，いまや未知の状況においても再学習を必要とせずに高度な認識を実現できる。

　一方，動物や人間などは自らの身体を使って動き，行動する。最近のロボットや自動運転車なども，AIによって処理された情報をもとに，目的の作業や目的地までの移動を実現する。このような場合，視点は動き，まわりのものや環境との位置関係が刻々変化する。また，曲がり角など今いる場所から見えていないものや状況を頭で思い描きながら行動するといった，高度な知的処理も必要となる。さらには，周囲の環境，およびその中に存在するものや人とのフィジカルなインタラクションやコミュニケーションも生じる。このように，実世界の中で行動するAIにはさまざまな技術的な課題があるため，われわれの日常生活で，自動運転車や自律ロボットが活躍する光景を目にするには，もう少し時間がかかりそうである。翻せば，この先この分野はホットな研究領域となっていくと考えられる。

　本稿の構成は以下のとおりである。2節では，Embodied AIの国内外の研究状況を概観する。3節では，Embodied AIのタスクの中でも難度の高いタスクである「部屋の中でものを探すAI」について解説する。4節では，近年のゼロショット行動学習についての最新の研究動向を紹介する。

2 Embodied AI

身体を使って行動する AI を研究する分野として，Embodied AI という分野がにわかに盛り上がっている。"Embodiment" は「身体性」を意味し，認知科学や人工知能分野における身体性とは，物理的に存在する身体がもたらす効果を論じる問題である。Embodied AI は身体性を有する AI ということになる。人間は，環境と相互作用する身体によって知覚や体験を得ることができ，それを通して学ぶことで高度な知能を獲得していくと考えられている。つまり，真の知性は単にものごとを見ているだけでは生まれず，環境との相互作用から生まれるという考えが基本にある。

Embodied AI の構築には，シミュレータが活用される。Embodied AI は，シミュレーションの世界の中で環境と相互作用しながら試行錯誤することで学習していく。行動系の AI の学習を一から実機を使用して実世界で行うと，危険が伴う上，何万回もの試行錯誤の繰り返しにより，高価なハードウェアや周囲の環境を傷めてしまう可能性が高い。また，学習過程だけではなく，ハードウェアの制御などのさまざまなプロセスに計算時間がかかり，並列化などによる高速化も技術的に容易でないため，全体として学習に長期間を要してしまう。これに対して，シミュレーションは，クラスタ上での並列化により計算を高速化することが可能で，学習やテストを安価かつ安全に実行できる。シミュレーションは，Embodied AI を実世界に展開する前にトレーニングやテストを行うための，仮想のテストベッドの役割を果たす。ただし，現状の Embodied AI は，仮想空間で実験を繰り返して技術を高度化する段階にあり，現実世界へ展開した例はまだあまり多くない。

Embodied AI に関する国内外の動向

Embodied AI の研究は，画像分野などでの深層学習の発展を受け，2017 年頃から行われ始め，近年活発になってきている。コンピュータビジョンのトップ国際会議である CVPR では，2020 年から Embodied AI Workshop が，Google，Meta，Nvidia などの海外の有名テック企業や有名大学の主催で開催されている。2022 年に開かれた第 3 回 Embodied AI Workshop [1] では，著名な研究者の講演や研究発表だけではなく，各参加者が開発した AI モデルをベンチマークテストによりコンテスト形式で競い合う 12 種類の Embodied AI チャレンジが併設され，その規模は拡大基調にある。

国内の関連動向としては，ワールドロボットサミット（WRS）や Robocup において，シミュレーションを用いたロボット系のチャレンジが行われている。WRS2020 では，トンネル事故災害対応・復旧チャレンジが開催され，Choreonoid

というロボット動作作成シミュレータを用いて，避難経路確保や消火作業など，トンネル災害に対応する世界初の競技が行われた。日本発のロボット競技会である Robocup の Home Simulation 部門では，トヨタのモバイルマニピュレータロボット HSR のシミュレーションを使用したチャレンジや，NII の VR シミュレーションプラットフォーム Sigverse を用いたチャレンジが行われた。京都で開催されたロボット分野のトップ国際会議 IROS2022 では，Sigverse を用いた Interactive Service Robot Competition in Cyberspace というコンペティションが行われた。この競技では，実空間にいる人間の被験者と仮想空間にいるロボットが対話することで，日常生活環境においてロボットがいかにユーザーと自然で親しみやすいコミュニケーションを行えるかを評価する。話はそれるが，IROS2022 のテーマは "Embodied AI for Symbiotic society"[1] であり，Embodied AI は CV だけではなく，ロボットなどのさまざまな研究コミュニティからも注目を集める分野となっている。

Embodied AI のタスク

Embodied AI に，具体的にどのようなタスクがあるかを見ていこう。表1に Embodied AI Challenge 2022 で実施されたチャレンジをまとめた。2022 年のチャレンジでは，屋内空間を移動するナビゲーションタスクが多く，単語で指定されたものを 3D 仮想環境内を移動しながら探し出す "Object Navigation"（ObjectNav），文章で与えられた指示に従って屋内環境のゴール地点を目指す "Vision-and-Language Navigation"，人間をよけながら屋内空間を移動してゴール地点を目指す "Social Navigation"，環境の音声と視覚情報を使ってゴールを目指す "Audio Visual Navigation" などが開催されている。"Rearrangement" は，シミュレーション内の物体を再配置する，片付けや物品陳列などを行うロボットの物体操作に近いタスクである。このほかに，文章で与えられた手順に従って作業を行う "Vision-and-Language Interaction" や，人間とチャットでコミュニケーションをとりながら目的の作業を実現する "Vision-and-Dialogue Interaction" も行われている。2022 年のチャレンジには含まれていないが，座標情報や画像として指定された環境内のゴール地点を目指す "Point Goal Navigation" や "Image Goal Navigation" といったさまざまなタスクが存在する。

次節では，言語と視覚情報を同時に扱いながら行動に結び付ける Embodied AI のタスクの中でも難易度の高い，もの探しタスク（ObjectNav）について解説する。

表1 第3回 Embodied AI で開催されたチャレンジ一覧（文献 [1] より表を改変および和訳して引用）

チャレンジ名	シミュレーションプラットフォーム	使用する環境データセット	入力情報
Object Navigation	Habitat	Matterport3D	RGB-D, Localization
Multi-Object Navigation（MultiON）	Habitat	Matterport3D	RGB-D, Localization
Vision-and-Language Navigation	Habitat	Matterport3D	RGB-D
Interactive Navigation	iGibson	iGibson	RGB-D
Social Navigation	iGibson	iGibson	RGB-D
Audio Visual Navigation	Habitat	Matterport3D	RGB-D, Audio Waveform
Rearrangement	AI2-THOR	iTHOR	RGB-D, Localization
	Isaac Sim	ASU	RGB-D, Pose Data, Flatscan Laser
	TDW	TDW	RGB-D, Metadata
Vision-and-Language Interaction（ALFRED）	AI2-THOR	iTHOR	RGB
Vision-and-Dialogue Interaction（TEACh）	AI2-THOR	iTHOR	RGB
Semantic SLAM	Isaac Sim	ASU	RGB-D, Pose Data, Flatscan Laser

3　部屋の中でものを探す AI

　本節では，まず，部屋の中でものを探すタスク（object navigation）の問題設定と，AI モデルの学習方法，基本構成および評価方法について述べる。続いて，学習に活用されるプラットフォームと最近の研究動向を紹介し，最後に，もの探し AI の現状の性能レベルや今後の課題について議論する。

3.1　問題設定

　もの探しタスクは，単語で指定された目標物を，一人称視点の画像を参照しながら部屋の中を移動して探し出す課題である [2]。ここでは，ものを探している行動主体をエージェントと呼ぶことにする。エージェントには，学習とテストに用いる 3D 環境モデルが複数与えられ，各環境内のランダムな初期位置からスタートして探索目標物が見える状態に到達することが課される。ここで，

「目標物が見える」とは，目標物が現在の視野に存在し，かつ事前に定められた範囲内（たとえば 1 メートルなど）に位置することを指す [3]。

3.2 学習方法

　もの探し AI の学習には，強化学習が使用されることが一般的である。強化学習の概要を図 1 に示す [4]。強化学習は，エージェント（agent）と環境（environment）から構成され，エージェントが環境との相互作用を通じて能動的に試行錯誤することにより，より良い行動を行うための意思決定モデルを学習する。強化学習で学習する意思決定のルールは方策（policy）と呼ばれ，エージェントの行動（action）を規定する。この意思決定は，現在の状態（state）をもとに行われ，学習者であるエージェントは，その意思決定に応じた定量的な評価を報酬（reward）の形で環境から受け取る。すなわち，エージェントの目的は，タスク開始から終了までの間（エピソードと呼ぶ）に最適と思われる意思決定を繰り返し行い，最終的に受け取る報酬の総量を最大化することにある。したがって，教師あり学習，すなわち与えられた教師データと推定値との差を最小化し，学習モデルをデータにあわせ込む学習方法とは考え方が根本的に異なる。強化学習の詳細な理論的解説については，Sutton らの著書や解説書 [5, 6] に譲る。

　次に，もの探し AI の学習に強化学習を適用することを考えてみよう。エージェントはニューラルネットワークモデルで構築され，現在の状態に関する観測情報を一人称視点の画像として環境から受け取り，この画像情報に基づいて行動の意思決定を行う（3.3 項）。環境には 3D スキャンや CAD モデルで構成された屋内環境 3D データが用いられ，環境内でのエージェントの行動は，シミュレータによって環境に反映される（3.5 項）。また，その行動に対する報酬

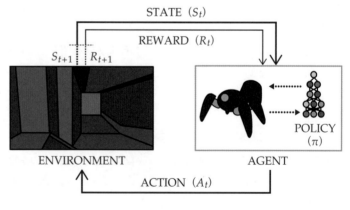

図 1　強化学習の概念図 [4]

が計算される。もの探しエージェントの行動を評価する報酬 R_t は，一般的に以下のように，成功した場合には正の数値 α，それ以外の場合には，エージェントを最短経路に導く時間的ペナルティとして機能する負の数値 $-\lambda$ を与える形で定義される。

$$R_t = \begin{cases} \alpha, & \text{成功の場合} \\ -\lambda, & \text{それ以外の場合} \end{cases} \tag{1}$$

学習の収束性を高めるために補助タスク報酬関数を併用する研究も提案されている。たとえば，視野の中に入った目標物がより大きく見えるような位置に移動することを奨励する，目標物の物体領域面積を用いた報酬関数 [7, 8] や，視覚情報の自己教示学習ロス[2] を用いた報酬関数 [7] などが採用されている。

　この分野では，大規模な並列学習が可能であることから，Asynchronous Advantage Actor-Critic (A3C)[3] [9] と Decentralized Distributed Proximal Policy Optimization（DD-PPO)[4] [10] という学習モデルがよく使用される。

A3C

　A3C は，アクター・クリティック手法と呼ばれる強化学習アプローチの 1 つである。アクター・クリティック手法は，方策部であるアクター（Actor）（出力サイズは $|A|$）と，アクターが選択した行動を評価するクリティック（Critic）の 2 つのモジュールからなる。エージェントはアクターをもとに次の行動をサンプリング（決定）し，クリティックは新しい状態を評価することで，実行結果が良かったかどうかを判断する（ここで，クリティック部は現在の状態に対する価値関数（V）に相当する）。A3C の大きな特徴は，複数コピーされた学習スレッドを並列に実行し，モデルパラメータの共有セットを非同期的に更新する点である。ここでいう非同期とは，複数のエージェントが並列に動き，非同期でパラメータが更新されることを意味する。つまり，各スレッドで異なるナビゲーションターゲットを探すタスクを同時に実行しつつ，最適なモデルを獲得することが可能である。

DD-PPO

　DD-PPO は分散強化学習手法の 1 つである。PPO は，A3C と同様に直接方策を改善する方策ベースの強化学習アプローチである。PPO の特徴として，離散行動と連続行動のどちらも扱える点と，実装が容易である点が挙げられる。DD-PPO は PPO を発展させ，分散型（複数のマシンを使用）かつ非中央集権型（中央集権的なサーバをもたない）に改良したものである。DD-PPO の最大の特徴はその学習速度である。たとえば，Savva ら [11] のロボットナビゲーショ

[2] ラベル付けしていない画像データから算出した学習ロス（self-supervised learning loss）。学習の収束を速めるために使用される。

[3] Asynchronous は非同期という意味。Advantage は数ステップ先を考慮して更新を行うことを指す。Actor-Critic はアクター・クリティック手法と呼ばれる強化学習アプローチの 1 つ。

[4] Decentralized は非中央集権型という意味。Distributed は分散型学習を指す。Proximal は近似，Policy Optimization は方策ベースの強化学習アプローチを示す。

ン実験において，非並列型のシリアル実装に比べて約 100 倍のスピードアップを達成した。これは，6 か月以上の GPU 時間を要する学習を 3 日以内で終えることに相当する。また，DD-PPO は A3C とは異なり同期型であり，シミュレーション環境での経験の収集と，モデルの最適化を交互に行う。

3.3 ネットワークモデル

もの探し AI のネットワークモデルは，図 2 のように，特徴抽出層，特徴融合（結合）層とコントローラ層の 3 つの層から構成される。特徴抽出層では，現在のエージェント視点における画像の視覚特徴量や，目標物を示す単語の意味を表す言語特徴量が抽出される。視覚特徴の抽出には，ResNet などの視覚モデルが用いられ，入力画像から視覚特徴ベクトルを抽出する。単語特徴の抽出には，Word2Vec などの言語モデルが用いられ，目標物の物体クラスを表すテキストから特徴量を抽出する。これらの特徴抽出器は事前に学習したものを用いており，ナビゲーション学習中はその重みは固定されることが一般的である。特徴融合層では，現在の状態と目標を示す特徴量が，同じ埋め込み空間に変換（結合）され，エージェントの行動を生成するコントローラ層に渡される。過去の履歴を考慮するために，特徴融合層内で過去数フレーム分の特徴ベクトルを重ねたり，LSTM などの時系列モデルを用いたりする場合もある。最後に，コントローラ層において，方策ネットワークにより現在の状態における行動を出力する。時刻 t における現在の状態 s において，視覚特徴 $v_s \in \mathbb{R}^m$ と目標物の単語特徴 $g \in \mathbb{R}^n$ が与えられたとき，行動 a_t を出力する方策ネットワーク π は，以下のように表現される。

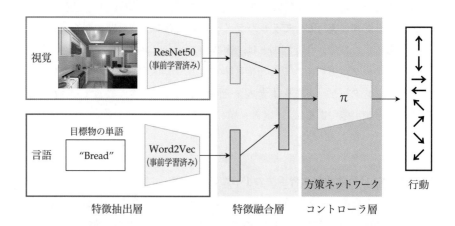

図 2　もの探し AI モデルの基本構成。特徴抽出層，特徴融合（結合）層，コントローラ層の 3 つの層から構成される。視覚情報と言語情報（単語）から行動の意思決定を行う。

$$a_t \approx \pi(f(g; v_s; \boldsymbol{\theta})) \tag{2}$$

ここで，f はニューラルネットワークであり，$\boldsymbol{\theta}$ はそのパラメータである。

行動 a は，有限の行動集合 A の中から選ばれる。行動の選択肢には，「前進」「後退」「左」「右」「右 90 度回転」「完了」などが含まれる。エージェントは選択された行動に従ってグリッド上を移動し，障害物と衝突する場合はその場に留まる。ここで，「完了」は，エージェントが評価に入る準備ができたことを環境に知らせるシグナルである。ゴールが見えている状態でエージェントが「完了」シグナルを出すと「成功」となり，ゴールが見えていない状態でエージェントが「完了」シグナルを出すと，「失敗」となる。なお，「完了」シグナルを行動の選択肢に含める場合は，エージェントが自らゴールに止まることを学習する必要があるため，含めない場合（この場合，ゴールの近くを通り過ぎれば成功）に比べて，タスク難易度が格段に難しくなる。

3.4　評価方法

もの探し AI の評価には，学習時に使用していないテストセットであるテストエピソードが用いられ，これらのテストエピソードのうちどれくらい成功したかという成功率と，成功した場合には距離の短い最適経路を通過したかという移動の効率性の 2 点から評価される。これらの評価指標には，成功率（SR）と成功率加重経路長さ（SPL[5]）が用いられる [3]。

[5] Success weighted by (normalized inverse) Path Length の略。

エージェントは，各エピソードにおいて，指定されたゴールまで到達することを課されているが，この場合の成功とは，ある決められた時間内にゴールとして指定された目標物から決められた距離範囲内にいることを指す。エピソード i の成功の二値指標を S_i とすると，成功率は以下のように定義される。

$$\text{成功率} = \frac{1}{N} \sum_{i=1}^{N} S_i \tag{3}$$

ここで，N はテストエピソード数である。

なお，ゴールへの近さを評価するために用いる距離の指標としては，環境の構造を考慮できないユークリッド距離はあまり推奨されない。たとえば，ゴールまでのユークリッド距離は小さく（近く）ても，壁で隔てられた位置にいる場合は，実際にはゴールに到達できていないため，このような場合は近いと見なすべきではない。したがって，エージェントとゴールとの距離（近さ）を測定するためには，測地線距離，すなわち，環境に存在する障害物を考慮した最短経路の距離を使用することが推奨されている。

エピソード i におけるエージェントのスタート地点からゴールまでの最短経路の距離を l_i とし，このエピソードでエージェントが実際に移動した経路の長

さを p_i とする。ナビゲーションの効率さを表す尺度である SPL は，以下のように定義できる。

$$\text{SPL} = \frac{1}{N} \sum_{i=1}^{N} S_i \frac{l_i}{p_i} \tag{4}$$

SPL の計算例をいくつか考えてみよう。テストエピソードのうち 50% が成功し，エージェントがそのすべてでゴールへの最適経路をとった場合は，SPL は 0.5 となる。すべてのテストエピソードが成功したが，エージェントが最適経路を通った場合の 2 倍の時間をかけてゴールに到達した場合も，SPL は 0.5 である。テストエピソードの 50% が成功し，そのすべてで $p_i = 2 \cdot l_i$ であれば，SPL は 0.25 である。以上より，SPL はかなり厳しい指標であることがわかる。学習時に見たことがない環境で評価を行う場合，評価対象が複雑な環境であるときは，SPL が 0.5 であれば，ナビゲーション性能は十分なレベルにあるといえる。

3.5 学習用プラットフォーム

Embodied AI モデルの学習のためのシミュレータ環境とデータセットは，これまでに多数構築されてきており，データセット，シミュレータとプログラム開発ライブラリを一体的に備えたプラットフォームも数多く提案されている。たとえば，Isaac Sim のように高精細に現実世界を再現したもの [12] や，インタラクティブなシミュレーションを実現するもの [13] などがある。以下では，AI2-THOR [14] と AI-Habitat [15] という，もの探し AI 分野で人気のある 2 つのプラットフォームを紹介する。なお，Embodied AI のサーベイ論文 [16] の中で Embodied AI 分野の学習データセットやシミュレータが幅広く紹介されているので，そちらも参照されたい。

AI2-THOR

AI2-THOR は，Allen Institute for AI が提供する Embodied AI のプラットフォームである。このプラットフォームの特徴は，家具などの CAD モデルを環境に配置した現実に近い 3D 環境データを提供している点にある（図 3 参照）。AI2-THOR には，iTHOR, RoboTHOR, ManipulaTHOR と呼ばれる学習フレームワークがある。iTHOR は，キッチン，リビングルーム，ベッドルーム，バスルームの 4 カテゴリのルームタイプを含んだ住環境の 3D データセットであり，それぞれのルームタイプにつき 30 個，計 120 個の環境が含まれている。環境内には 2,000 を超える目標物の中からランダムに目標物が配置されている。これらの環境は，プロの 3D アーティストによりモデリングされており，Unity3D に基づいたシミュレーションとして提供される。また，光源，物体の

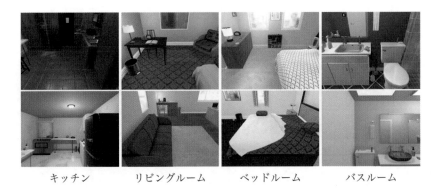

キッチン　　　　リビングルーム　　　ベッドルーム　　　バスルーム

図 3　AI2-THOR プラットフォームの環境データセットの例 [14]

色や配置を比較的自由に変更できるため，合成的にデータ量を増やしてデータセットを拡張することも可能である。さらに，環境内の目標物の状態（開/閉，オン/オフ，熱い/冷たいなどの視覚的な状態変化を含む）を変化させることや，1 つのシーンで同時に複数のエージェントを使用することも可能となっている。移動ロボットとロボットアームの動作を学習する目的で開発された RoboTHORと ManipulaTHOR からは，実機による実験と同様のシミュレーションが行えるように，現実の実験環境を模した 3D 環境モデルとロボットの 3D モデルが利用できる。

　最近，ProcTHOR [17] という対話的にカスタマイズ可能な 3D 環境データを1 万点含むデータセットも公開された。住環境だけではなく，教室，図書館，オフィスなどの環境も構築可能である。このデータセットの構築は，部屋の間取りから物体 3D モデルの配置に至るまで，プロシージャルモデリングと呼ばれる 3DCG の方法により，あらかじめ決められた法則に従って自動的に行われる。このため，アーティストによってモデリングされた iTHOR ほどには，見た目や環境内のものの配置が現実に近くはないが，事前学習を行うための大きな規模のデータセットを構築するためには有効である。実際，ProcTHOR を用いて事前学習を行うことにより，さまざまなタスクでエージェントの性能が改善され，特定のデータセットに対して再学習を行わないゼロショット学習性能も向上した。

AI-Habitat

　AI-Habitat は，Facebook Research が提供している Embodied AI のプラットフォームである。このプラットフォームの特徴は，Matterport3D，Habitat-Matterport 3D（HM3D），HM3D-Semantics など，現実の環境を 3D スキャニングしたデータセットを用いた学習ができるという点にある。Matterport3Dは，90 種類の建築物を撮影した RGB-D 画像データ（RGB：色情報，D（depth）：

深度　　　　　　RGB，GPS＋コンパス　トップダウンマップ

図 4　AI-Habitat プラットフォームの環境データセットの例 [15]

深度）と 10,800 フレームのパノラマ画像データを含むデータセットである（図 4 参照）。加えて，GPS やコンパス機能を有し，エージェントの現在位置やエピソードの開始を基準とした方向情報を提供する。さらに，環境内にエージェントの経路を示したトップダウンマップも可視化できる。このデータセットは，もの探しタスクだけではなく，Vision-and-Language Navigation などさまざまな Embodied AI タスクで利用されている。HM3D は，住宅や商業スペースなどの高解像度の 3D メッシュを 1,000 点含む，現在この分野で最大級の規模をもつ 3D 環境データセットである。HM3D-Semantics は，HM3D の 120 シーンに対して，その中にある物体に詳細な意味情報の注釈を付与したデータセットであり，全シーン平均で 114 カテゴリ，646 インスタンスの情報が含まれる。HM3D-Semantics は，Embodied AI Workshop 2022 の Habitat Object Navigation のデータセットとして利用された。

　加えて，AI-Habitat では高性能シミュレータ Habitat-Sim が提供されており，シングル GPU でのマルチプロセスシミュレーションは 1 万 FPS 以上を達成できる。また，Embodied AI 開発のためのオープンソースライブラリである Habitat-Lab からは，さまざまなナビゲーション AI のベースラインモデルや学習手法が利用可能である。

3.6　研究動向

　本項では，もの探し AI の研究がどのように始まり，どう進化してきたかを見ていこう。

画像で提示されたゴールを目指す方法

　初期のもの探し AI モデルは，目標物を画像で提示するアプローチをとっていた。Zhu ら [18] によって提案された Target-driven navigation（目標駆動型ナビゲーション手法）では，エージェントは前進や右折などの判断を，与えられ

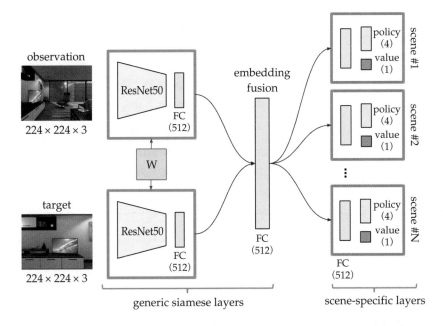

図 5 画像で提示されたゴールを目指す目標駆動型ナビゲーション（Target-driven navigation）手法 [18]。Siamese 層（generic siamese layer）により，現在の観測画像（observation）と目標画像（target）の特徴量を抽出・融合し同じ埋め込み空間に投影することで，現在地と目標地の位置関係を表す環境の空間配置を推論することができる。その後，各環境において構築されたシーン固有層（scene-specific layer）で行動が出力される。これにより，環境に固有の物体の配置や部屋のレイアウトの特性を理解できる。

た目標シーン画像と各時間ステップで得られる観測画像から学習する。図 5 にTarget-driven navigation 法のアーキテクチャを示す。このモデルでは，重みを共有する 2 ストリームの Siamese 層によって，現在の状態とターゲットシーンの視覚特徴量を抽出し，それらを融合した後，シーン固有層に入力して行動を生成する。特徴抽出層には，ImageNet で事前学習済みの ResNet が用いられ，シーン固有層はアクター・クリティック手法にならってアクター（方策）とクリティック（価値）の 2 つのモジュールを用いる。また，モデルの学習にはA3C を用いる。この方法では，現在とゴールに関する一人称視点画像から抽出した視覚特徴を用いてエージェントとゴールの相対的な位置関係をモデル化することで，環境の地図を作成することなくナビゲーションを実現する。Active object perceiver（能動的物体知覚者）[7] では，Target-driven navigation を発展させて，ターゲットとなるシーン画像の代わりに探索目標物の画像を与えることで物体探索行動を学習する方法が考案された。

単語で提示されたゴールを目指す方法

　Yang ら [2] は，画像入力に基づくもの探し AI モデルを単語入力に基づく方法へと発展させた。また，この論文において定式化されたタスクは，現在のもの探し AI チャレンジで用いられており，以降の研究の基礎を築いた。さらに，この論文では，図2のもの探しモデルの基本構成要素である視覚特徴抽出層と言語特徴抽出層に加えて，モノとモノの関係性に関する事前知識を活用する方法が提案された。図6に示すように，このモデルでは ResNet50 と Word Embedding を用いて視覚特徴と単語特徴を抽出し，グラフ畳み込みネットワーク（GCN）に基づいて，モノとモノの関係性を表現する特徴量を抽出する。そして，これらの特徴量を融合することで，物体探索ナビゲーション時にモノとモノの関係性の知識を活用することを試み，初見の環境や初見の物体の探索における汎化性を改善できることを示した。

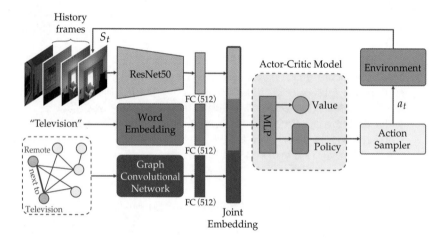

図6　単語で提示されたゴールを目指す Yang らの方法 [2]。現在の状態の視覚的特徴（左上段），意味的なターゲットカテゴリ特徴（左中段），およびモノとモノの関係性に関する知識グラフから抽出した特徴（左下段）に基づいて行動を決定する。視覚的特徴にはいくつかの過去の観測（History frames）も用いている。モノとモノの関係性に関する特徴抽出には，グラフ畳み込みネットワーク（Graph convolutional network）を使用する。

モノとモノの関係的知識を活用する方法

　もの探しナビゲーション課題では，探索する空間が大きくなると，スタート地点から探索目標物が見えないなど，目標物が視野に入らないことが多くなるため，うまくゴールまでたどり着けないことが頻繁に起こりうる。Yang ら [2] の方法では，モノとモノの関係的知識を導入してこのような問題に対処しようと試みたが，画像全体の視覚特徴量を GCN に入力していたため，空間的な情

報が失われてしまい，移動方向を決定するナビゲーションにおいてはあまり効果的でなかった。これに対して，人間は目標物がありそうな場所を周囲の物体や環境の視覚情報から類推して移動し，目標物が視野に入ると素早くその方向に進むというような行動を，日常生活において何気なく行っている。

　Druon ら [8] は，このような人間の行動に触発された方法を提案した（図 7）。この方法では，探索目標物と視野内にある物体がどれだけ意味的に類似しているかに加え，空間的情報も有するコンテキストグリッドと呼ばれる中間表現を導入している。この中間表現から物体間の意味的・空間的な関係性を抽出し，それらの関係性を含んだ特徴量を行動にマッピングする方策関数を学習することで，エージェントは他の物体の陰に隠れた物体やスタート地点から見えにくい物体を見つける能力が向上し，ナビゲーション性能が大幅に向上した。

　コンテキストグリッドの例を図 8 に示す。コンテキストグリッドを構築するために，まず，YOLO などの物体検出器を用いて画像内の物体を検出する。次に，探索目標物と検出された物体のクラス情報から意味的な類似度を計算し，それを物体領域の中心位置に割り当てる。たとえば図 8 のように，目標物が「トースター」（Toaster）で，物体検出器によって Toaster が検出された場合，エー

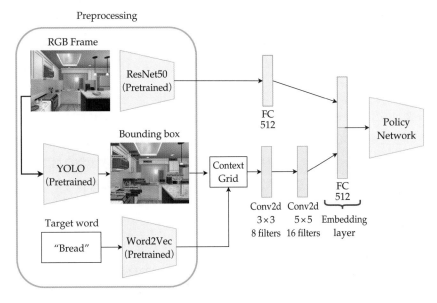

図 7　モノとモノの意味的・空間的知識を活用する Druon らのナビゲーション手法 [8]。図中央にあるコンテキストグリッド（Context Grid）は，目標物と視野内にある物体の空間的位置情報と意味的な類似度から構築され，モノとモノの意味的・空間的な背景知識を提供する。類似度は，物体と目標物の単語埋め込み特徴からコサイン類似度を算出して求める（図 8 参照）。観測画像や物体検出，目標物のカテゴリ特徴抽出には事前学習済みモデルを使用する。

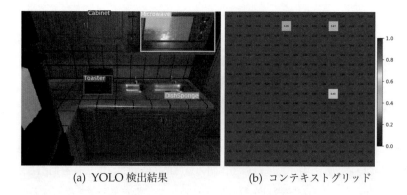

(a) YOLO 検出結果　　　　　(b) コンテキストグリッド

図 8　コンテキストグリッドの例（探索対象は Toaster）[8]

ジェントの現在の視野内の Toaster の位置に 1 が割り当てられる。たとえば電子レンジ（Microwave）などの他の物体も検出された場合，Microwave の位置に Toaster と Microwave の類似スコアが割り当てられる。それ以外の何も検出されていない場所は 0 となる。物体間の意味的類似度は，検出されたクラス x と対象クラス y の単語埋め込み特徴量 v_x と v_y を用いてコサイン類似度を算出することで求める。コサイン類似度（CS）は，2 つのベクトルを用いて以下の式で算出する。

$$\mathrm{CS}(v_x, v_y) = \frac{v_x \cdot v_y}{||v_x|| \cdot ||v_y||} \tag{5}$$

グリッド上の物体中心位置にこの値を割り当てる際，2 つの物体がコンテキストグリッド内で重なっている場合は，2 つの類似度の最大値をとる。

　モノとモノの関係性を活用する他の方法としては，物体の空間的・意味的な階層的関係性を活用する方法 [19] や，物体と部屋のゾーンの関係性を活用する方法 [20]，物体の 3 次元的な配置や空間的関係性に着目した方法 [21] などが提案されている。

Attention や Transformer を用いる方法

　言語処理や画像認識の分野における Transformer [22] の発展を受けて，Embodied AI の分野でも Transformer の活用や注意機構（Attention mechanism）を組み込んだ方法の開発が進んでいる。

　Mayo ら [23] は，もの探しナビゲーション時に「どこで」「何」を見るべきかを把握するために，空間的な注意機構を学習する方法を開発した。Mayo らの空間的注意は，「目標物」「アクション」「メモリ」の 3 つの要素が画像のどの部分と関係性が高いかを示す注意マップを出力する。この注意マップに基づいて

空間的重要度を加味した特徴マップを抽出し，ナビゲーション時に活用することで，従来法よりも良い性能を達成した。

Du ら [24] は，Transformer ベースの物体検出器である DEtection TRansformer（DETR）[25] に基づく VTNet というもの探しナビゲーション手法を提案した。この方法では，意味，空間位置，物体の外見情報を含むマルチモーダルな視覚表現を，DETR から出力される物体領域，クラスおよびその信頼度と，物体検出プロセスの途中で抽出される視覚特徴ベクトルから構築する。このような視覚表現は，たとえば，画像空間上で右側が強調されている場合に「左折」よりも「右折」を優先させるといった，視覚情報とエージェント行動間の相関性を学習するのに有効であると Du らは報告している。VTNet は，未知のテスト環境においても SOTA 性能[6] を達成することが示されている。

[6] state of the art の略。

福島ら [26] は，長期の時系列情報を活用する，Transformer に基づくもの探し AI モデルである Object Memory Transformer（OMT）を提案した（図 9）。OMT は，再帰型ネットワーク（RNN や LSTM）に基づく従来のナビゲーション手法よりもはるかに長いシーケンスの順序を考慮できるモデルである。この方法では，エピソード内の過去の視覚情報や意味情報を，観測データを一時的に記憶する Object-Scene Memory（OSM）と呼ばれるバッファに取り込む。次に，Transformer を用いて，メモリバッファに保存された長期的な過去の観測情報から，これまでのエージェントの行動の文脈や目標物との関連性を考慮した時系列特徴量を抽出する。このような時系列特徴量は，たとえば，障害物にはまったり，同じ場所で回転してしまうようなループ状態からエージェントを抜け出させるのに役立つ。結果として，OMT はもの探しタスクにおいて SOTA 性能を達成し，LSTM などの再帰型ネットワークとの比較でもその優位性を示した。

3.7 現状と課題

ここまで，もの探し AI 分野の研究動向について概観してきた。本項では，もの探し AI の現状のレベルを把握し，今後の課題について議論する。

図 10 に，もの探し AI の性能評価の推移を示す。複数の論文 [8, 17, 24] やベンチマーク [27] の数値を総合して描いたグラフであるため，実験の条件を完全には統一できておらず，方法間の比較や性能の推移を正確に追うことはなかなか難しいが，2022 年現在のレベルでは，1 つの部屋内を移動するような小規模空間では約 75% の成功率，複数の部屋を含む大規模空間では約 65% の成功率となっている。人間の前者のレベルは 95% 以上であり，他の Embodied AI タスクにおいて AI の性能が人間のレベルとほぼ同等であることや，ImageNet などの画像認識や囲碁などのゲームでは AI がプロのプレーヤーを凌駕する性能

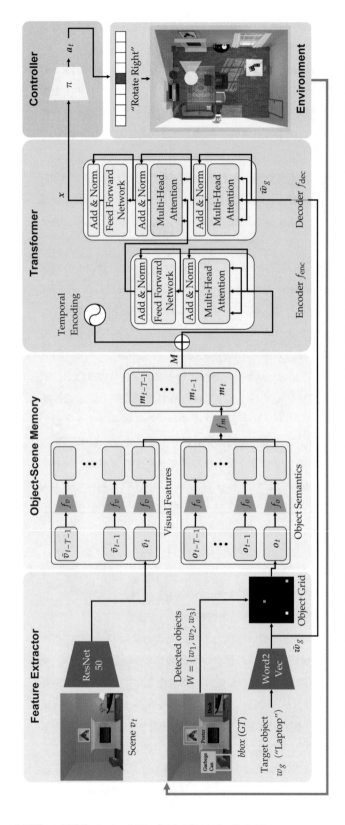

図 9　長期時系列情報を活用する名福島らの Object Memory Transformer (OMT) [26]。特徴抽出層 (Feature Extractor) では、現在の状態の視覚的特徴 (左上段)、モノとモノの意味的・空間的知識 (左下段) を入力する。これらの情報は Object-Scene Memory に逐次保存される。Object-Scene Memory に保存された情報は、Transformer によって時系列を考慮した特徴へとエンコードされる (Encoder)。その後、ターゲットカテゴリ特徴 (word2vec) に基づいて、メモリ内の情報をデコードし (Decoder)、最終的な行動を決定する。

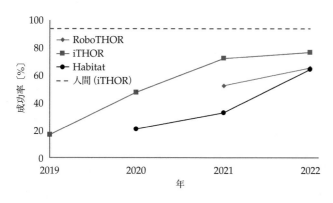

図 10　もの探し AI の性能推移

を発揮していることを考えると，もの探し AI はまだまだ発展の余地があると
いえる。これまで，この分野では，シミュレーションプラットフォームやタス
クのルールの整備などに力点があったともいえるかもしれない。成功率に関し
ていえば，図 10 を将来方向に外挿して未来を予想してみると，今後 5〜10 年で
人間のレベルに追いつく可能性があることがわかる。次に，以下では，自律ロ
ボットなどが実世界で動作するための知能となるにはどういった課題があるか
を見ていきたい。

探索空間の広さ・多様さ・複雑さ

　もの探しタスクの課題として，探索空間の広さ，多様さ，複雑さが挙げられ
る。探索するスペースが大きくなると，開始位置から目標物が見えなくなるこ
とが多くなるため，視野の中にない物体を周囲の環境や他の物体を手掛かりに
探索するという，高度な視覚認識処理が必要となる。加えて，屋内環境内には
同じ種類のものでもさまざまな形状や見た目をしている物体が多数存在し，間
取りも環境によってさまざまである。このような多様で複雑な環境内を移動し
ながら周囲の状況を空間的・意味的に理解し，衝突せずに目標物までたどり着
かなければならない。

データセットの規模

　Embodied AI の多くは，3D シミュレーション環境を用いて学習を行う。3D
環境を構築するには，現実の環境を 3D スキャニングする方法か，クリエータ
が 3D モデルを配置してフォトリアリスティックな 3D 仮想環境を作成する方
法のいずれかが主に取られる。このため，インターネット上の画像を用いて学
習するインターネット AI と比べて，特にものの多様性の面において，データ

セットの規模を大きくすることが容易ではない。一方で，3D環境データは，一度作成してしまえば，個々の物体モデルの色やテクスチャだけではなく，物体の配置なども自動的に変更できるため，合成的にデータを増やすことが容易であるというメリットがある。

シミュレーションと現実のギャップ

現在のEmbodied AIの多くは，シミュレーションを使用して学習や評価を行っており，学習したモデルを現実環境へ適用した研究は少ない。シミュレーションと現実との間には，いわゆるSim2Realギャップが存在する。見た目のリアルさだけではなく，物理的な特性も現実に似せる必要があるが，物体の表面に生じる摩擦や柔軟物の柔軟性など，すべてをモデリングすることは一朝一夕にはいかない。特に物体との接触が多く，力学的な整合性がシビアになるマニピュレーションや二足歩行といったタスクはこのギャップが大きく，シミュレーションで成功したからといって現実で成功するかというとそうはいかず，実機を使った実験や検証の重要性が高い。加えて，ロボットの実機では計算リソースが限られるため，計算効率の高い手法が求められる。

初めての環境での動作

学習時には出現しなかった初見の環境においても，その環境に対して再学習せずにうまく動作してほしいという要求もある。人間は初めての場所を通って目的地までそれほど苦労せずに移動できるが，AIにとってこれはかなり難しい。その理由の1つとして，畳み込みニューラルネットを用いて抽出した視覚特徴に基づいて行動を生成するため，環境の見た目の違いに影響を受けやすいという点が挙げられる。

4　ゼロショット行動学習：
　　周囲の状況を素早く理解し行動するAI

これまでのもの探しAIは，事前に選ばれた限られた種類の目標物を探索することが一般的であった。しかし，現実環境には多種多様な物体が存在し，これまでに見たことがないような種類のものに出くわす場合もある。ゼロショット行動学習は，エージェントにとって探索目標物と環境の両方が初見となる，より現実に近いチャレンジングな問題設定である。本節では，画像の分野で開発された大規模視覚言語モデルCLIPと，CLIPを用いたゼロショット学習について触れ，CLIPを応用したもの探しAIの最新の研究を紹介する。

4.1　大規模学習モデルとゼロショット学習

従来，言語認識や画像分類では，扱う単語やカテゴリを事前に定めて学習を行うため，構築したモデルを学習時にないカテゴリを認識するようなタスクに適用する場合，追加の学習データとラベルが必要だった。近年，GPT3 や DALL·E などに見られるように，インターネット上に存在する膨大なテキストデータや画像データを用いて億単位のパラメータをもつ大規模なモデルの学習を行うことで，汎用的な認識能力を獲得することが可能となった。このような汎用的な大規模学習モデルにより，未知の状況に対しても再学習なしで高度な認識性能を発揮する，いわゆるゼロショット認識が可能となった。

CLIP（Contrastive Language-Image Pre-Training）[28] は，インターネット上に存在する大量の画像とテキストのペアで事前学習した大規模視覚言語モデルである。CLIP は，膨大なインターネットデータで事前学習をすることにより，特定のデータに対して転移学習することなく画像分類などのタスクに使用することを可能にしており，このようなゼロショット設定においても良好な性能を発揮する。実際，ImageNet の画像とラベルをいっさい使用しない場合でも，教師あり学習を行った場合と同等の性能を示す。また，膨大なインターネットデータを収集・活用することで，手間のかかるデータアノテーション作業を省略できるメリットもある。

4.2　ゼロショット行動学習

CLIP の認識能力を活用するために，EmbCLIP [29] という方法では，事前学習済みの CLIP の視覚エンコーダを Embodied AI タスクに活用し，複数の異なるタスクにおいて性能の改善を実現した。特に，CLIP を使用することで物体を検知する能力が向上し，視覚を用いたナビゲーションやマニピュレーション能力を改善できることを示した。

CLIP on Wheels [30] では，従来のクラス分類などの根拠を可視化するために用いられる Grad-CAM [31] という方法をゼロショット物体検出器として利用し，ナビゲーションを実現した。これにより，再学習が必要な従来の方法と同等以上の性能を発揮した。

ZSON [32] という方法では，目標物や目標の場所を言葉で伝えることと画像で提示することはエージェントにとって同じ意味をもつという仮定のもと，画像で提示したゴールを目指す ImageNav というタスク（図 5 を参照）に対して，強化学習に基づいたゼロショット行動学習方法を提案した。この方法では，図 11 のように，学習時は CLIP の視覚特徴抽出器を用いて視覚特徴量を抽出し，行動ポリシーにそれらを入力する。評価時は，言語特徴抽出器に切り替えるこ

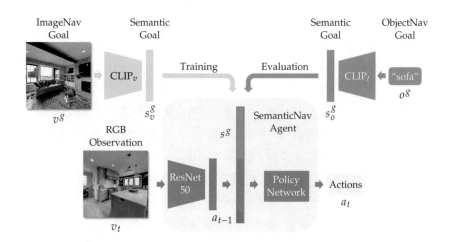

図 11　ゼロショットナビゲーション手法 ZSON [32]。学習時（Training）は，画像で提示されたゴール（ImageNavGoal）にたどり着くことを目指す。画像特徴の抽出には，CLIP 視覚エンコーダ（CLIP$_v$）を用いる。一方，テスト時（Evaluation）は，CLIP テキストエンコーダ（CLIP$_t$）を用いることで，単語で与えられた目標物（ObjectNavGoal）を探し出すことができる。

とで，言葉で提示した目標物を探すことができる。こうした工夫により，画像に対してクラスや物体領域のラベリングを必要としない，もの探し AI の学習が可能となった。

また，3.5 項で紹介した ProcTHOR [17] では，1 万点の大規模なフォトリアリスティックな 3D 環境モデルを用いて事前学習を行うことで，iTHOR や RoboTHOR などの複数の環境データセットにおいて，転移学習をしないゼロショット転移により良好な性能を発揮できることが示された。

5　おわりに

本稿では，部屋の中でものを探す AI を中心に，Embodied AI の研究動向を紹介した。学習用のシミュレーションプラットフォームなどの基盤技術からゼロショット行動学習の最新研究までを俯瞰し，現状の課題について議論した。この分野は非常にチャレンジングであり，まだまだ発展途上の段階にあるといってよい。研究コミュニティの形成，公開データセットに基づくベンチマークなどのオープンイノベーション，ユーザーが使いやすいソフトウェアツールの普及といった，画像や言語の AI がたどった発展プロセスに繋がるメニューを充実させることができれば，多数の研究者や技術者の参画を得て，急速な発展を遂げることも考えられる。大規模な実画像データセットを用いて学習した大規模なモデルを活用することで，Embodied AI におけるゼロショット学習の研究

が進み，初めて見る環境に素早く適応して行動するような AI が現れるかもしれない。こうした研究過程の中で，大量の実データで学習した実世界に関する汎用的知識を有する AI と，仮想空間内でのシミュレーションにより学習した AI が融合して，現実世界の知識が仮想世界に流れ込み，その結果，2 つの世界のギャップが解消して，実世界で活躍するロボットなどへの適用が加速することを期待したい。

参考文献

[1] Embodied AI workshop 2022. https://embodied-ai.org/. Accessed: 2022-10.

[2] Wei Yang, Xiaolong Wang, Ali Farhadi, Abhinav Gupta, and Roozbeh Mottaghi. Visual semantic navigation using scene priors. *arXiv:1810.06543*, 2018.

[3] Peter Anderson, Angel X. Chang, Devendra S. Chaplot, Alexey Dosovitskiy, Saurabh Gupta, Vladlen Koltun, Jana Kosecka, Jitendra Malik, Roozbeh Mottaghi, Manolis Savva, and Amir R. Zamir. On evaluation of embodied navigation agents. *arXiv:1807.06757*, 2018.

[4] Kai Arulkumaran, Marc P. Deisenroth, Miles Brundage, and Anil A. Bharath. A brief survey of deep reinforcement learning. *arXiv:1708.05866*, 2017.

[5] Richard S. Sutton and Andrew G. Barto. *Reinforcement Learning: An Introduction*. MIT press, 2018.

[6] Richard S. Sutton and Andrew G. Barto（著），奥村エルネスト純, 鈴木雅大, 松尾豊, 三上貞芳, 山川宏, 今井翔太, 川尻亮真, 菊池悠太, 鮫島和行, 陣内佑, 髙橋将文, 谷口尚平, 藤田康博, 前田新一, 松嶋達也（訳）. 強化学習（第 2 版）. 森北出版, 2022.

[7] Joel Ye, Dhruv Batra, Abhishek Das, and Erik Wijmans. Auxiliary tasks and exploration enable ObjectNav. *arXiv:2104.04112*, 2021.

[8] Raphael Druon, Yusuke Yoshiyasu, Asako Kanezaki, and Alassane Watt. Visual object search by learning spatial context. *IEEE Robotics and Automation Letters*, Vol. 5, No. 2, pp. 1279–1286, 2020.

[9] Volodymyr Mnih, Adrià P. Badia, Mehdi Mirza, Alex Graves, Timothy P. Lillicrap, Tim Harley, David Silver, and Koray Kavukcuoglu. Asynchronous methods for deep reinforcement learning. In *ICML*, 2016.

[10] Erik Wijmans, Abhishek Kadian, Ari Morcos, Stefan Lee, Irfan Essa, Devi Parikh, Manolis Savva, and Dhruv Batra. DD-PPO: Learning near-perfect pointgoal navigators from 2.5 billion frames. In *ICLR*. OpenReview.net, 2020.

[11] Manolis Savva, Abhishek Kadian, Oleksandr Maksymets, Yili Zhao, Erik Wijmans, Bhavana Jain, Julian Straub, Jia Liu, Vladlen Koltun, Jitendra Malik, Devi Parikh, and Dhruv Batra. Habitat: A platform for embodied AI research. In *IEEE/CVF International Conference on Computer Vision (ICCV)*, 2019.

[12] Isaac Sim. https://developer.nvidia.com/ja-jp/isaac-sim. Accessed: 2022-10.

[13] Chengshu Li, Fei Xia, Roberto Martín-Martín, Michael Lingelbach, Sanjana Srivastava, Bokui Shen, Kent E. Vainio, Cem Gokmen, Gokul Dharan, Tanish Jain, Andrey Kurenkov, Karen Liu, Hyowon Gweon, Jiajun Wu, Li Fei-Fei, and Silvio Savarese.

iGibson 2.0: Object-centric simulation for robot learning of everyday household tasks. In *5th Annual Conference on Robot Learning*, 2021.

[14] AI2-THOR. https://ai2thor.allenai.org/. Accessed: 2022-10.

[15] AI-Habitat. https://aihabitat.org/. Accessed: 2022-10.

[16] Jiafei Duan, Samson Yu, Hui L. Tan, Hongyuan Zhu, and Cheston Tan. A survey of embodied AI: From simulators to research tasks. *IEEE Transactions on Emerging Topics in Computational Intelligence*, Vol. 6, No. 2, pp. 230–244, 2022.

[17] Matt Deitke, Eli VanderBilt, Alvaro Herrasti, Luca Weihs, Jordi Salvador, Kiana Ehsani, Winson Han, Eric Kolve, Ali Farhadi, Aniruddha Kembhavi, and Roozbeh Mottaghi. ProcTHOR: Large-scale embodied AI using procedural generation. *arXiv:2206.06994*, 2022.

[18] Yuke Zhu, Roozbeh Mottaghi, Eric Kolve, Joseph J. Lim, Abhinav Gupta, Li Fei-Fei, and Ali Farhadi. Target-driven visual navigation in indoor scenes using deep reinforcement learning. In *ICRA*, pp. 3357–3364, July 2017.

[19] Yiding Qiu, Anwesan Pal, and Henrik I. Christensen. Learning hierarchical relationships for object-goal navigation. *arXiv:2003.06749*, 2020.

[20] Sixian Zhang, Xinhang Song, Yubing Bai, Weijie Li, Yakui Chu, and Shuqiang Jiang. Hierarchical object-to-zone graph for object navigation. In *IEEE/CVF International Conference on Computer Vision (ICCV)*, pp. 15130–15140, October 2021.

[21] Yunlian Lv, Ning Xie, Yimin Shi, Zijiao Wang, and Heng T. Shen. Improving target-driven visual navigation with attention on 3D spatial relationships. *arXiv:2005.02153*, 2020.

[22] Ashish Vaswani, Noam Shazeer, Niki Parmar, Jakob Uszkoreit, Llion Jones, Aidan N. Gomez, Lukasz Kaiser, and Illia Polosukhin. Attention is all you need. *CoRR, arXiv:1706.03762*, 2017.

[23] Bar Mayo, Tamir Hazan, and Ayellet Tal. Visual navigation with spatial attention. In *CVPR*, 2021.

[24] Heming Du, Xin Yu, and Liang Zheng. VTNet: Visual transformer network for object goal navigation. In *ICLR*, 2021.

[25] Nicolas Carion, Francisco Massa, Gabriel Synnaeve, Nicolas Usunier, Alexander Kirillov, and Sergey Zagoruyko. End-to-end object detection with Transformers. In *Computer Vision – ECCV 2020*, pp. 213–229. Springer International Publishing, 2020.

[26] Rui Fukushima, Kei Ota, Asako Kanezaki, Yoko Sasaki, and Yusuke Yoshiyasu. Object memory transformer for object goal navigation. In *2022 International Conference on Robotics and Automation (ICRA)*, pp. 11288–11294, 2022.

[27] Habitat challenge 2022 – HM3D-semantic. https://eval.ai/web/challenges/challenge-page/1615/overview. Accessed: 2022-10.

[28] Alec Radford, Jong W. Kim, Chris Hallacy, Aditya Ramesh, Gabriel Goh, Sandhini Agarwal, Girish Sastry, Amanda Askell, Pamela Mishkin, Jack Clark, Gretchen Krueger, and Ilya Sutskever. Learning transferable visual models from natural language supervision. *arXiv:2103.00020*, 2021.

[29] Apoorv Khandelwal, Luca Weihs, Roozbeh Mottaghi, and Aniruddha Kembhavi.

Simple but effective: Clip embeddings for embodied AI. In *2022 IEEE/CVF Conference on Computer Vision and Pattern Recognition (CVPR)*, pp. 14809–14818, 2022.

[30] Samir Y. Gadre, Mitchell Wortsman, Gabriel Ilharco, Ludwig Schmidt, and Shuran Song. Clip on wheels: Zero-shot object navigation as object localization and exploration. *arXiv:2203.10421*, 2022.

[31] Ramprasaath R. Selvaraju, Michael Cogswell, Abhishek Das, Ramakrishna Vedantam, Devi Parikh, and Dhruv Batra. Grad-CAM: Visual explanations from deep networks via gradient-based localization. In *ICCV*, pp. 618–626. IEEE Computer Society, 2017.

[32] Arjun Majumdar, Gunjan Aggarwal, Bhavika Devnani, Judy Hoffman, and Dhruv Batra. ZSON: Zero-shot object-goal navigation using multimodal goal embeddings. In *Neural Information Processing Systems (NeurIPS)*, 2022.

よしやす ゆうすけ（産業技術総合研究所）
ふくしま るい（沖縄科学技術大学院大学）
むらた てつや（産業技術総合研究所）

フカヨミ マテリアルセグメンテーション
形状に関係なく素材そのものを認識！

■延原章平

　人はものを見たときに，その色や形を理解するだけではなく，その素材や手触り，さらには硬さや重さといったさまざまな情報を推測し，行動に反映させている。たとえば走るとき，自転車に乗るとき，車を運転するときは，グリップ力を路面の素材推定を通じて無意識に推し量り，安全な移動を実現している。あるいは何かものを把持するときは，対象物体の硬さや重さ，さらには表面の摩擦の大きさを推測し，適切な力を無意識に加えている。このように視覚情報から物体の素材や硬さ，重さなどを認識する技術は，実社会で人と同じように行動することができるロボットや自動運転車両などの実現に資すると考えられる。マテリアルセグメンテーションとは，この中でも特に画像から素材認識を行い，素材ごとに画像の領域分割を行う研究を指す。

　マテリアルセグメンテーションというタスク，つまり画像から素材を推論する課題は，人間には自然で簡単な問題にも思える。しかし，3 次元形状や運動のように，視差や輝度変化といった画像に直接反映される特徴が推論の手掛かりとなるタスクとは異なり，素材や硬さ，重さといった情報を画像から得る一般的な方法は，コンピュータビジョン分野における長年の研究を経てなお確立されていない。

　たとえば，素材の認識にはテクスチャの認識が深く関係していると考えられ，テクスチャ解析そのものは，1970 年代には航空・衛星画像解析という文脈において，市街地，耕作地，山林，河川などを認識する研究として，また顕微鏡画像から生体組織や細胞を自動的に認識・領域分割する研究として，すでに行われていた [1, 2]。それらの研究では，いわゆるテクスチャ特徴量が，画像の粗さやエッジ方向，あるいは周波数成分などから計算され，その特徴量のヒストグラムなどを手掛かりとして同一テクスチャをもつ領域ごとに画像分割を行っている。

　このように，初期のテクスチャ解析はルールベースの画像処理的な側面が強いものであったが，近年では Schwartz と Nishino が，局所的な画像パッチごとに素材を認識するための統計的機械学習による手法 [3] や，画像の撮影場所という文脈を考慮した深層学習によるマテリアルセグメンテーション [4] に取

り組んできた。また，特に航空・衛星画像や顕微鏡画像の解析においては，可視光での計測に縛られず，被写体となる素材の物理的な特性を踏まえた，さまざまな波長によるマルチモーダルな計測も，広く有効に活用されてきた[1]。

しかし，特に車両の自動運転・運転支援という文脈においては，このようなマルチモーダル計測を活用した統計的機械学習に基づく素材認識は行われておらず，そのためのデータセットも存在しない。本稿では，このような現状を打破すべく，マルチモーダル計測を備えた新たな MCubeS データセットと，それを活用した素材認識ネットワーク MCubeSNet を紹介する。なお，本稿の内容は，筆者らが Liang et al. "Multimodal Material Segmentation" [5] として CVPR2022 で発表したものに基づいている。

1 MCubeS データセット

MCubeS（Multimodal Material Segmentation）データセットとは，撮影画像に対して人手によって素材アノテーションを付与した画像データセットであり，その特徴は，通常の RGB カラー画像に加えて偏光情報，および 750〜1,000 nm の波長の光を撮影した近赤外（NIR）画像という，異なるモダリティで撮影された画像を備えている点にある。データセットはインターネットで公開されており，https://vision.ist.i.kyoto-u.ac.jp/research/mcubes/ からダウンロードできる。

1.1 マルチモーダル計測

実世界を構成する物体はさまざまな素材で構成されており，その違いは入射光に対する振る舞い，すなわち反射，屈折，吸収，透過などの違いに表れる。これらの違いは多くの場合，偏光状態の違い，つまり偏光度や偏光方向の違い，あるいは波長ごとの吸収率・反射率の違いとして観測され，たとえば水は，可視光では透明であっても，750〜1,000 nm の近赤外領域では吸収率が急峻に立ち上がるため暗く見える。また，反射後の偏光状態は反射面の向きと素材によって決まるため，たとえば金属と樹木では，同じ光源環境であっても異なる偏光度や偏光方向が観測される[2]。

MCubeS データセットでは，図1に示すように，このような観測を，RGB と偏光を同時に計測できる RGB-P カメラと 1,000 nm までの近赤外に感度をもつ NIR カメラによって撮影する。また，NIR カメラ視点から RGB-P カメラ視点に変換するための対応点を得るために，3次元距離センサである LiDAR によって深度も計測する。

[1] 赤と近赤外の輝度の違いが植物の分光反射特性に起因することを用いた正規化植生指標（normalized difference vegetation index; NDVI）など。

[2] 特に晴天時の屋外光源環境には，レイリー散乱に起因して偏光に方向依存性があり，光源環境としては非常に複雑である。しかし，空を無限遠光源と仮定すれば，どの物体も同じ光源環境下にあることに変わりはない [6]。

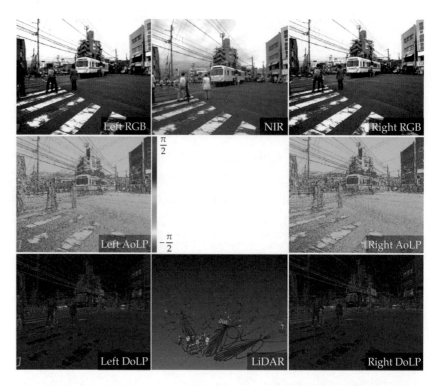

図1 MCubeS データセットの観測データ © 2022 IEEE [5]

偏光

　光とは，電界とそれに直交する磁界が進行方向に垂直な面で振動しながら進む
横波であり，電界がある1方向に偏って振動している状態を直線偏光（linearly
polarized）と呼び，その振動方向は振動面（偏光面）上での方向（角度）とし
て表すことができる。これに対して，あらゆる方向に振動している光が重なり
合っている状態を非偏光，偏光方向が光の進行（伝播）とともに回転する状態
を円偏光，直線偏光と円偏光が重なり合った状態を楕円偏光と呼ぶ。

　RGB-P カメラは，このような光の偏光状態を画素の前に備えられた4方向の
直線偏光フィルタを通して観測する。すなわち，隣接する 2×2 画素で $\phi_c = 0,$
$45, 90, 135$ 度方向の直線偏光フィルタを通した光を観測し，各画素の輝度 $I(\phi_c)$
の違いを直線偏光として説明するモデル

$$I(\phi_c) = \bar{I}(1 + \rho \cos(2\phi_c - 2\phi)) \tag{1}$$

のパラメータ，すなわち直流成分 $\bar{I}$，偏光度（degree of linear polarization;
DoLP; DoP）ρ，偏光方向（angle of linear polarization; AoLP; AoP）ϕ を計
算する。

　このような光の偏光状態は，物体表面で反射される際に，反射面の素材およ

び法線方向によって変化する。MCubeS データセットでは，各画素で観測された光の偏光状態を AoLP と DoLP によって表現し，その画素で観測された物体の素材認識に用いる。なお，筆者らが使用した RGB-P カメラでは，円偏光成分を計測することはできなかった[3]。偏光についての詳細は，文献 [7, 8] を参照されたい。

近赤外光

光はさまざまな波長をもった電磁波であり，各素材表面における光の反射や吸収の度合いには波長依存性がある。たとえば各物体の色は，その物体表面によって吸収されずに反射された光によって決まり，また，ある物体がある波長で透明か否かは，その波長の光を透過するか否かによって決まる。

たとえば水は可視光で無色透明であり，通常の RGB 画像から水深や水分含有量を推定することは容易ではない [9]。一方で，水の吸収係数は波長 750〜1,000 nm の近赤外領域で急速に増大するため，NIR 画像で撮影した場合は，水深に応じて観測輝度が減衰する [10]。つまり，NIR 画像の輝度は，水深や物体の水分含有量によって変化すると考えられるので，水たまりや水分を含んだ草木などの認識に貢献できる。

深度

理想的には RGB，偏光，近赤外光がすべて同じ視点から同時に撮影され，1つの画素にすべての計測が備わっていることが望ましい。しかし，このような仕様を満たすデバイスは，MCubeS データセット作成時点では存在しなかったため，1.2 項で述べるように，複数カメラを組み合わせて計測を行った[4]。

具体的には，RGB と偏光を撮影する RGB-P カメラと，近赤外光を撮影する NIR カメラに分かれており，それらの間には視差が存在する。そのため，1つの画素にすべての計測をもたせるには，RGB-P カメラの各画素と NIR カメラの各画素の間で，同じ物体表面上の点を撮影している画素のペア（対応点; corresponding point）を知る必要がある。これはステレオ法による 3 次元形状計測 [11] の過程そのものであり，もし撮影シーンの 3 次元形状，つまり深度を直接計測しておくことができれば，対応点を逆に計算することができる。

そこで，MCubeS データセットでは，Time-of-Flight（ToF）の原理に基づいて被写体までの距離を直接計測することができる LiDAR（light detecting and ranging）センサを用いて 3 次元点群を取得した。ここで，ToF とは光を能動的に投射して，その光が被写体に当たって反射されて戻ってくるまでの時間を意味しており，たとえば投射した光が $\tau = 100\,\mathrm{ns}$ で戻ってきたならば，被写体までの距離 d は光の速度を $c = 3.0 \times 10^5\,\mathrm{km/s}$ とすると，$d = c\tau/2 = 15\,\mathrm{m}$ と

計算することができる。なお，LiDAR で得られる 3 次元点群は図 1 に示すように疎なものであり，RGB-P カメラと NIR カメラの画素に密な対応点を与えることはできない。そこで，LiDAR で得られた 3 次元点群を補間するために，MCubeS データセットでは RGB-P カメラを 2 台用いたステレオ計測による深度計測も行っている。

1.2 計測手順

計測装置

MCubeS データセットの計測は，車載カメラを模擬するために，図 2 に示す手押しカートにカメラを搭載して行った。RGB-P カメラとして 2 台の LUCID Vision Labs 製 TRI050S-QC，NIR カメラとして FLIR 製 GS3-U3-41C6NIR-C，LiDAR として Livox 製 Mid-100 を用いた。NIR カメラには，近赤外より短い波長の光を遮断するために，750 nm ロングパスフィルタが装着されている。

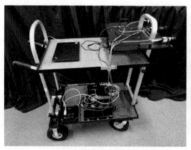

図 2　計測装置。偏光カラーカメラ 2 台と NIR カメラ，および LiDAR を備えている。© 2022 IEEE [5]

キャリブレーション

RGB-P および NIR カメラは，どちらもチェスパターンを画像として撮影することができるため，Zhang の手法 [12] によって内部パラメータを求めた上で，さまざまな位置に置いたチェスパターンから得られた対応点を用いた 8 点法で外部パラメータを得て [13]，最終的にバンドル調整により最適化を行った。

LiDAR とカメラ群との間のキャリブレーションは，Wang らの手法 [14] を用いた。すなわち，LiDAR から得られる各点の輝度情報をそのまま疎な全周囲画像と見なし[5]，これにチェスパターンをフィッティングすることで，通常のカメラと同様に相対姿勢を得ている。

[5] LiDAR が計測した各 3 次元点では，照射した光がどれだけの強さで戻ってきたかも同時に記録される。これは輝度そのものといえる。

データ収集

　MCubeS データセットには，前進しながら撮影された映像と，ある地点で360度旋回しながら撮影された映像の2種類の映像が含まれている。前者は車載カメラ映像を模擬している。後者は，水などのように出現頻度の低い素材が現れる地点で撮影されており，素材クラス間でのデータ量の不均衡を緩和することを狙っている。

　前進映像はフレームレート3 fps で42シーン撮影しており，平均の長さは約5分，合計で 26,650 フレームの画像から構成される。ここから概ね等間隔となる地点のフレーム 424 枚を選定し，それぞれに素材および物体カテゴリ（セマンティック）クラスのアノテーションを付与した。旋回映像は1周を8フレームで19シーン撮影しており，そのうち4フレーム，合計76フレームにアノテーションを付与した。結果として，500 フレーム分のアノテーションが付与されている。

1.3　アノテーション

　前述のように MCubeS データセットを構成する画像から 500 枚を選び，それぞれについて画素単位で素材および物体カテゴリラベルを付与した。これらのアノテーションは RGB-P 画像に対して付与されており，NIR 画像に対しては，LiDAR と RGB ステレオで得た密な3次元深度情報 [15] を用いた視点変換によって RGB-P カメラ視点に変換することで統合する。なお，視点の違いに起因する遮蔽により観測ができなかった領域に関しては，画像の欠損修復によって補間している [16]。

　MCubeS データセットは主に道路シーンの映像によって構成され，路面や建物，車や自転車，歩行者などが含まれている。これらはいずれもさまざまな素材をもつ可能性があり，たとえば路面はアスファルトやコンクリート，石畳，砂利などから構成され，また建物にはコンクリートやガラス，木材，漆喰，セラミックなどが使用される。また，路面標示（路面上に描かれた線や文字など）のようなペイント，マンホールや線路のような金属，踏切での枕木や道路を覆う落ち葉なども，路面状況把握の文脈では重要な意味をもつため，独立した素材領域としてアノテーションされなくてはならない。さらに，歩行者などの人物は，布地としての衣服のほかは概ね人体そのものが観測される。これらを勘案して，MCubeS データセットでは図3に示すように，*Asphalt*, *Concrete*, *Metal*, *Road Marking*, *Gravel*, *Fabric*, *Glass*, *Plaster*, *Plastic*, *Rubber*, *Sand*, *Ceramic*, *Cobblestone*, *Brick*, *Grass*, *Wood*, *Leaf*, *Water*, *Human Body*, *Sky* の 20 種類の素材クラスを定義した。

　また，物体カテゴリ（セマンティック）のクラスは，Cityscapes データセット

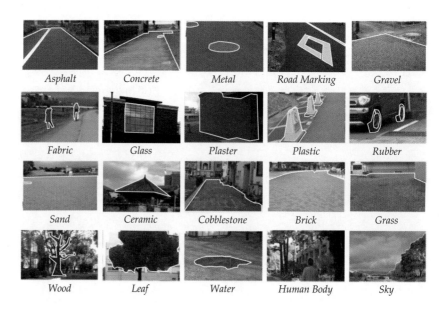

図3　MCubeS データセットの素材クラス © 2022 IEEE [5]

[17] で定義された 20 クラスを *Road, Human, Car, Bicycle, Building, Wall, Bridge, Pole, Terrain, Nature* の 10 クラスに集約して用いた[6]。

6) たとえば *Pole* と *Pole Group* は *Pole* にまとめられている。

2　MCubeSNet：深層学習によるマテリアルセグメンテーション

　深層学習による画像の領域分割としては，画像を人や車といった物体カテゴリごとに分割するセマンティックセグメンテーションや，人と人・車と車などを区別して 1 物体ごとに分割するインスタンスセグメンテーション，両者を組み合わせたパノプティックセグメンテーションなどが広く研究されてきた。そうした研究の多くは，これらの問題を画像変換のタスク，つまり各画素の値を輝度から物体カテゴリやインスタンスの ID へと変換する問題として定式化している。マテリアルセグメンテーションも同様に，入力画像を構成する各画素に素材の ID を付与するタスクとして定式化することができる。

　マテリアルセグメンテーションと，他のセマンティックセグメンテーションやインスタンスセグメンテーションなどとの違いは，物体の形状とテクスチャのどちらをより重視するかにある。すなわち，セマンティックセグメンテーションやインスタンスセグメンテーションにおいては，人や車両の輪郭といった物体の形状情報は，そのカテゴリを認識する，あるいはインスタンスごとに分割する上での重要な手がかりを与える。一方で，マテリアルセグメンテーションにおいては，素材自体はさまざまな形状をとりうると同時に，同じ素材がまっ

たく異なる物体カテゴリに現れうる。たとえばコンクリートという素材は，道路にも塀にも建物にも，さまざまな形で現れる。そのため，形状情報を通じた物体カテゴリの認識は素材認識のヒントとなるものの，テクスチャの認識が欠かせない。ここで，テクスチャの見え方は物体までの距離によって変化するため，テクスチャ認識は解像度の違いを考慮する必要がある。深層学習によるマテリアルセグメンテーションでは，このような観点をネットワーク構造に反映させる必要がある。

このような点を踏まえて設計したネットワークである MCubeSNet の構造を図 4 に示す。MCubeSNet の特徴抽出部は DeepLab v3+ [18] の構造を踏襲しており，RGB，偏光（AoLP および DoLP マップ），NIR 画像を入力として，前述の素材クラスを各画素単位で推論する。まず，RGB，偏光，NIR は，それぞれ独立した特徴抽出層によって低次から高次特徴量へと変換される。MCubeSNetでは，atrous 空間ピラミッドプーリング[7] を備えた ResNet-101 を用いた。得られた特徴量は空間解像度が異なるため，文献 [18] と同様にアップサンプリングを行った後に最も低次の特徴量に解像度を揃えてチャンネル方向に統合し，後段の推論部へと入力する。こうして画像特徴を異なる解像度で捉えることによって，前述のテクスチャ認識における多重解像度解析が実現される。

DeepLab v3+ では，この特徴量を直接デコードすることで最終出力を得ていた。これに対して MCubeSNet では，物体カテゴリの認識を踏まえた素材推論を実現するために，得られた特徴量を以下で述べる RGFSConv 層に通し，その特徴量をデコードすることで最終出力としている。

[7] 通常の畳み込みフィルタにゼロ挿入を行ってフィルタサイズを大きくした atrous（あるいは dilated）畳み込みによる空間プーリングを，さまざまなゼロ挿入数（レートと呼ばれる）で並行して行った空間プーリング。

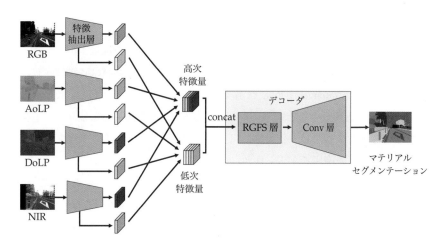

図 4　MCubeSNet のネットワーク構造。特徴抽出層から得られる高次および低次特徴量を RGFS 層に入力し，それをデコードすることで素材ごとの領域分割を実現する。© 2022 IEEE [5] を翻訳

RGFSConv 層

前述のように，素材認識と物体認識には強い相関が存在する。たとえば素材 *Gravel* は *Road* に多く見られる一方で，*Car* を構成することはなく，また *Metal* は *Car* や *Pole* を構成することはあっても，*Road* では少数である。MCubeSNet では，この素材認識と物体カテゴリ認識の間に存在する相互依存関係を利用するために，物体カテゴリ認識結果，つまりセマンティックセグメンテーションの出力を事前知識として用いた素材認識を行う。この手法では，MCubeSNet とは独立に DeepLab v3+ を RGB 画像に適用することで，セマンティックセグメンテーションを獲得する。1.3 項で述べたように，物体カテゴリは 10 クラスとした。

RGFSConv（Region-Guided Filter Selection Convolution）層のポイントは，物体認識結果を素材認識に反映させるにあたって，セマンティックセグメンテーションで得られた領域ごとに，独立した畳み込みフィルタを学習する点にある。すなわち，特徴抽出部で得られた各モダリティがもつ特徴に対して，それらのどのような空間的なパターンやモダリティ間の組み合わせが素材認識に資するかは物体ごとに異なるはずなので，RGFSConv 層は，各物体カテゴリに応じてどのようなモダリティの組み合わせが有効にはたらくかを学習することで，後段のデコーダに有益な特徴のみを渡すようにする。たとえば *Car* 領域に対しては，より *Metal, Glass, Rubber* の素材認識に適した特徴を選択することを期待する。

しかし，このようなアイデアを guided dynamic filter [19] のように素朴に実装することは現実的ではない。たとえば，入力 C_E チャンネル，出力 k チャンネル，カテゴリ数 m のとき，$m^2 C_E(k+1)$ パラメータが要求される。また，このような計算コストの問題に加えて，単純に物体カテゴリごとにフィルタを学習する方法では，各物体を構成する素材を認識するための特徴量が正しく捉えられない可能性がある。なぜならば，先に述べたように各素材は各物体固有のものではなく，*Concrete* は *Road* にも *Building* にも現れ，また *Glass* は *Car* にも *Building* にも現れることを考えると，各物体カテゴリで完全に独立にフィルタを学習してしまっては，結果的に同じ素材であったとしても，まったく異なる特徴に着目した識別を学習しかねないからである。

そこで，RGFSConv 層に画像全体で共有する Conv フィルタ集合を用意し，各物体カテゴリではこの集合から一部を選んで特徴抽出をする。これによって，フィルタ集合に含まれる各フィルタにおいて，物体カテゴリとは独立に各素材の認識に有効なフィルタとしての学習が進み，同時に物体カテゴリごとに，そのようなフィルタ集合からどのような組み合わせを取り出せばその物体を構成する素材の認識に繋がるか，つまり各物体はどのような素材の組み合わせになるかが学習される。

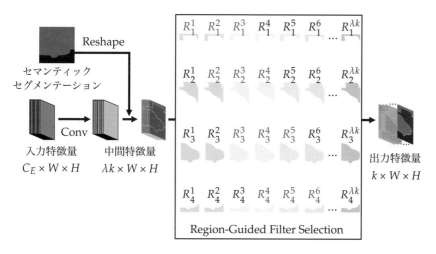

図 5　RGFSConv 層。セマンティックセグメンテーションで得られた領域ご
とに，λk チャンネルのうちの上位 k 個のレスポンスを後段への出力とする。
© 2022 IEEE [5] を翻訳

　具体的には，図 5 に示すように，特徴抽出層から C_E チャンネルの特徴量が
出力され，デコーダ部には k チャンネルの特徴量を入力するとき，RGFSConv
層はまず C_E チャンネルの特徴量から Conv 層によって λk チャンネルの中間
出力を作る。ここで，λ はフィルタ集合のサイズを決定するハイパーパラメー
タである。この RGFSConv 層の入出力チャンネル数を既存のネットワーク，た
とえば本稿の例では DeepLab v3+ に挿入することで，マルチモーダルな特徴
量の選択という機能を追加することができる。

　フィルタ選択を行う単位となる領域として，前述のようにセマンティックセ
グメンテーションによる物体カテゴリの認識結果を用いる。Conv フィルタ集
合の，画素 (x, y) における j 番チャンネルの値を $F_j(x, y)$ としたとき，m 番目
の領域 D^m における平均値を

$$r_j^m = \frac{1}{|D^m|} \sum_{(x,y) \in D^m} F_j(x, y) \tag{2}$$

によって計算し，D^m に対する RGFSConv 層の出力 $f(x, y)$ を

$$f(x, y) = \text{concat}(F_{j^*}(x, y)), \quad j^* = \arg\max_j^k (r_j^m) \tag{3}$$

と定義する。ただし concat($\cdot$) はチャンネル方向の連結演算子であり，全 λk 個
のフィルタレスポンス平均値の上位 k 個のフィルタ番号を表す j^* について，フィ
ルタレスポンスを連結することを意味する。

3 評価実験

学習

　MCubeS データセットを train 302 枚，val 96 枚，test 102 枚に分けて学習させた。学習には RTX A6000 を使用し，データ拡張としてランダムな左右反転とスケーリング/クロッピングを適用している。セマンティックセグメンテーション用のネットワークは，事前学習された DeepLab v3+ を MCubeS データセットの 10 クラスで追加学習したものを用いた。詳細については，文献 [5] を参照されたい。

他手法との比較

　マルチモーダルなマテリアルセグメンテーションとして，MCubeSNet と直接比較できる既存手法は存在しない。そこで，各モダリティに特徴抽出層をそれぞれ適用した DeepLab v3+，つまり MCubeSNet から RGFSConv 層を除いたものをベースラインとした。また，マルチモーダルなセマンティックセグメンテーションネットワークである FuseNet [20]，TransFuser [21]，MMTM [22] を，MCubeS データセットの 4 モダリティを入力するように改変して，比較対象とした。加えて，動的フィルタである DRConv [19] と DDF [23] とも比較している。詳細については，文献 [5] を参照されたい。

　表 1 (a) に，MCubeSNet と他の手法の認識精度を示す。MCubeSNet が mIoU で 42.86% を達成し，他手法より少なくとも 2.28% の精度向上が得られていることがわかる。また，ベースラインと比較して，RGFSConv 層によって 4.73% の精度向上が得られていることがわかる。このことは図 6 によって定性的にも確認できる。たとえば，線路と周辺のコンクリート部など，他手法と比較して MCubeSNet の精度が全体的に高い。

表 1　実験結果。(a) MCubeSNet と比較手法の mIoU，(b) 異なるハイパーパラメータ λ による mIoU の変化，(c) RGFSConv 層の位置の違いによる mIoU の変化。© 2022 IEEE [5] を翻訳

(a)			(b)		(c)	
手　法	mIoU		λ	mIoU	挿入位置	mIoU
MCubeSNet	**42.86%**		1	38.13%	First	**42.86%**
DeepLab v3+	38.13%		1.5	41.96%	Second	39.65%
FuseNet	40.58%		2	42.85%	Both	33.08%
TransFuser	37.66%		3	**42.86%**		
MMTM	39.71%		4	39.54%		
Modified-DRConv	34.63%		8	39.13%		
Modified-DDF	36.16%					

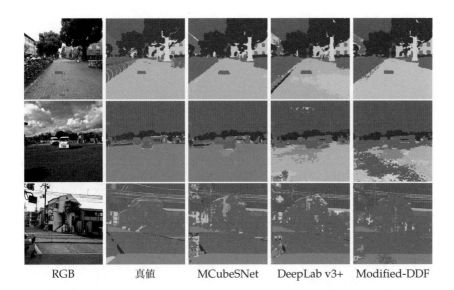

| RGB | 真値 | MCubeSNet | DeepLab v3+ | Modified-DDF |

図 6　MCubeSNet および DeepLab v3+, DDF による素材認識結果。MCubeS-Net の結果がより正確であることが確認できる。© 2022 IEEE [5] を翻訳

RGFSConv 層の性能評価

表 1 (b) に，RGFSConv 層のハイパーパラメータ λ を変化させた場合の mIoU の変化を示す。$\lambda = 1$ はオリジナルの DeepLab v3+ と同様の構成を意味しており，$\lambda = 3$ と比較して $\lambda = 1$ の場合に mIoU が大幅に低下することから，RGFSConv 層の有効性を確認することができる。逆に λ の値が 3 よりも増大した場合も mIoU が低下している。この理由は，用意された Conv フィルタが過大になり，異なる物体カテゴリであっても各素材で共通の Conv フィルタを用いるという設計に反して，各物体カテゴリで個別に Conv フィルタを選択して学習してしまったためではないかと考えられる。

また，表 1 (c) に示すように，RGFSConv 層をもとになったネットワーク（DeepLab v3+）のどの部分に挿入するかによっても性能が変化する。デコーダ部の最初の部分に挿入した場合，つまり特徴抽出部に近いほど mIoU が高い。また，RGFSConv 層を複数回挿入すると，mIoU は低下する。このことは，一度 RGFSConv 層を通過した時点で k チャンネルの特徴量は物体カテゴリごとに独立なものになってしまっているため，それを再度物体カテゴリに依存しない特徴量と解釈して RGFSConv 層に入れることはできないことを示している。

異なるモダリティによる認識精度の違い

表 2 に RGB，偏光（AoLP と DoLP），NIR の 3 モダリティのさまざまな組み合わせにおける mIoU を示す。すべてのモダリティを用いる場合が明らか

表 2　異なるモダリティの組み合わせにおける各クラスの IoU および mIoU (%)。RGFSConv 層のハイパーパラメータ λ はすべて 3 としている。あるモダリティを無効化する際には，値 0 で埋めたダミー画像を入力している。太字は最も良い結果を表す。なお，*Human Body* はすべて 0% であったため，表には記載していない。© 2022 IEEE [5]

RGB	✓	✓	✓	✓	✓	✓	✓	✓
AoLP		✓				✓	✓	✓
DoLP			✓		✓		✓	✓
NIR				✓	✓	✓		✓
Asphalt	75.8	83.3	75.2	82.4	81.7	83.0	83.0	**85.7**
Concrete	32.3	42.3	40.2	41.5	**45.2**	43.9	42.6	42.6
Metal	36.1	43.0	37.8	47.0	44.9	**47.8**	45.5	47.0
Road Marking	53.7	58.4	53.9	**65.3**	54.3	57.9	59.8	59.2
Gravel	53.6	57.7	21.8	47.3	60.7	52.8	51.5	**67.1**
Fabric	0.0	8.8	4.2	15.2	6.1	10.4	**17.0**	12.5
Glass	23.1	27.3	32.3	**45.4**	42.8	40.3	44.2	44.3
Plaster	0.8	0.6	1.9	0.5	1.4	0.7	1.2	**3.0**
Plastic	5.2	9.8	14.3	14.1	17.3	17.7	**18.6**	10.6
Rubber	3.1	12.0	11.3	**15.2**	0.8	13.0	4.8	12.7
Sand	61.9	55.5	59.7	59.9	54.0	57.5	54.8	**66.8**
Ceramic	6.3	18.1	11.6	20.6	23.0	20.7	26.4	**27.8**
Cobblestone	38.1	64.6	28.9	39.9	60.5	65.0	**67.6**	65.8
Brick	25.7	36.6	29.1	27.7	34.9	38.2	**41.9**	36.8
Grass	53.6	56.5	54.6	**59.4**	57.9	58.2	57.0	54.8
Wood	27.0	34.8	29.4	38.0	34.4	38.1	39.4	**39.4**
Leaf	70.2	71.8	71.4	**75.9**	72.5	75.1	74.0	73.0
Water	13.1	6.8	9.6	**18.1**	2.0	8.2	15.5	13.3
Sky	95.1	95.0	94.3	**96.0**	94.7	95.3	95.3	94.8
mIoU	33.7	39.1	34.1	40.5	39.5	41.2	42.0	42.9

入力画像　　　　　　真値　　　　　　RGBのみを　　　　　RGBと偏光を
　　　　　　　　　　　　　　　　　用いた場合　　　　　用いた場合

図 7　偏光による素材認識精度の改善例。特に金属や誘電体素材の認識に貢献していることが確認できる。© 2022 IEEE [5] を翻訳

に mIoU が高いことと，NIR が特に *Gravel, Ceramic, Cobblestone, Brick* の認識に有効であること，NIR と RGB は水分が関係すると考えられる *Grass, Leaf, Water* の認識に有効であることが確認できる。また，偏光が *Metal, Plastic, Glass* の認識に有効であることも確認できる。これらの結果は，近赤外の光が水に

 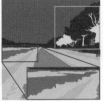 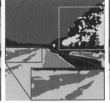 

| 入力画像 | 真値 | RGBのみを
用いた場合 | RGBとNIRを
用いた場合 |

図8　NIR による素材認識精度の改善例。特に水領域（*River*）および水分を含む素材（*Grass, Leaf*）の認識に貢献していることが確認できる。© 2022 IEEE [5] を翻訳

よって強く吸収されること，偏光状態が金属や誘電体での反射によって特徴的な変化を起こすことを考えると，妥当であるといえる。これらの偏光および NIR による素材認識精度の改善は，図7および図8によって定性的にも確認できる。

4　まとめ

　本稿では，画像を素材ごとに領域分割するマテリアルセグメンテーションという課題に対して，各素材がもつ物理的な特性を踏まえた異なるモダリティによる観測が有効であると考えて構築された，RGB，偏光，NIR 画像を備えた MCubeS データセットを紹介し，次に，素材を認識するための特徴抽出フィルタは各物体で共通であることが望ましいという考えに基づいた，RGFSConv 層を備えた MCubeSNet という素材認識ネットワークを紹介した。最後に，それぞれのモダリティが異なる素材の認識に寄与すること，また，すべてのモダリティを同時に用いることで最も高い精度を達成できることを定量的，定性的に示した，評価実験の結果について説明した。

　このようにさまざまなモダリティを組み合わせることでより精緻な素材認識を実現するという方向性とは別に，あくまでも RGB 画像を入力としてマテリアルセグメンテーションを行うことで，より汎用性の高い手法を目指すこともできる。本稿の MCubeS データセット自身はそのような用途にも活用でき，また，筆者らは RGB 画像のみをもつ KITTI データセット [24] に対してアノテーションを与えた KITTI-Material データセットも構築している [25]。これらのデータセットがマテリアルセグメンテーションのベンチマークの1つとして，今後の研究に幅広く貢献できることを期待している。

参考文献

[1] Makoto Nagao, Takashi Matsuyama, and Hisayuki Mori. Structural Analysis of Complex Aerial Photographs. In *Proc. of International Joint Conference on Artificial Intelligence*, pp. 610–616, 1979.

[2] 田村秀行, 斎藤英雄（編）. コンピュータ画像処理（改訂 2 版）. オーム社, 2022.

[3] Gabriel Schwartz and Ko Nishino. Automatically Discovering Local Visual Material Attributes. In *Proc. of Computer Vision and Pattern Recognition*, pp. 3606–3613, 2015.

[4] Gabriel Schwartz and Ko Nishino. Material Recognition from Local Appearance in Global Context. *arXiv:1611.09394*, 2016.

[5] Yupeng Liang, Ryosuke Wakaki, Shohei Nobuhara, and Ko Nishino. Multimodal Material Segmentation. In *Proc. of Computer Vision and Pattern Recognition*, pp. 19800–19808, June 2022.

[6] Tomoki Ichikawa, Matthew Purri, Ryo Kawahara, Shohei Nobuhara, Kristin Dana, and Ko Nishino. Shape from Sky: Polarimetric Normal Recovery Under the Sky. In *Proc. of Computer Vision and Pattern Recognition*, pp. 14832–14841, June 2021.

[7] Eugene Hecht. *Optics*. Pearson Education, 5th edition, 2016.

[8] Eugene Hecht（著）, 尾崎義治, 朝倉利光（訳）. 原著 5 版 ヘクト光学 II：波動光学. 丸善出版, 2019.

[9] Mihoko Shimano, Hiroki Okawa, Yuta Asano, Ryoma Bise, Ko Nishino, and Imari Sato. Wetness and Color from a Single Multispectral Image. In *Proc. of Computer Vision and Pattern Recognition*, pp. 3967–3975, 2017.

[10] Satoshi Murai, Meng-Yu J. Kuo, Ryo Kawahara, Shohei Nobuhara, and Ko Nishino. Surface Normals and Shape from Water. In *Proc. of International Conference on Computer Vision*, pp. 7830–7838, 2019.

[11] Daniel Scharstein and Richard Szeliski. A Taxonomy and Evaluation of Dense Two-Frame Stereo Correspondence Algorithms. *International Journal of Computer Vision*, Vol. 47, No. 1, pp. 7–42, 2002.

[12] Zhengyou Zhang. A Flexible New Technique for Camera Calibration. *IEEE Transactions on Pattern Analysis and Machine Intelligence*, Vol. 22, No. 11, pp. 1330–1334, 2000.

[13] Richard Hartley and Andrew Zisserman. *Multiple View Geometry in Computer Vision*. Cambridge University Press, 2003.

[14] Weimin Wang, Ken Sakurada, and Nobuo Kawaguchi. Reflectance Intensity Assisted Automatic and Accurate Extrinsic Calibration of 3D LiDAR and Panoramic Camera Using a Printed Chessboard. *Remote Sensing*, Vol. 9, No. 8, 2017.

[15] Shreyas S. Shivakumar, Kartik Mohta, Bernd Pfrommer, Vijay Kumar, and Camillo J. Taylor. Real Time Dense Depth Estimation by Fusing Stereo with Sparse Depth Measurements. In *Proc. of International Conference on Robotics and Automation*, pp. 6482–6488, 2019.

[16] Alexandru Telea. An Image Inpainting Technique Based on the Fast Marching Method. *Journal of Graphics Tools*, Vol. 9, No. 1, pp. 23–34, 2004.

[17] Marius Cordts, Mohamed Omran, Sebastian Ramos, Timo Rehfeld, Markus En-

zweiler, Rodrigo Benenson, Uwe Franke, Stefan Roth, and Bernt Schiele. The Cityscapes Dataset for Semantic Urban Scene Understanding. In *Proc. of Computer Vision and Pattern Recognition*, pp. 3213–3223, 2016.

[18] Liang-Chieh Chen, Yukun Zhu, George Papandreou, Florian Schroff, and Hartwig Adam. Encoder-Decoder with Atrous Separable Convolution for Semantic Image Segmentation. In *Proc. of European Conference on Computer Vision*, pp. 801–818, 2018.

[19] Jin Chen, Xijun Wang, Zichao Guo, Xiangyu Zhang, and Jian Sun. Dynamic Region-Aware Convolution. In *Proc. of Computer Vision and Pattern Recognition*, pp. 8064–8073, 2021.

[20] Caner Hazirbas, Lingni Ma, Csaba Domokos, and Daniel Cremers. FuseNet: Incorporating Depth into Semantic Segmentation via Fusion-Based CNN Architecture. In *Proc. of Asian Conference on Computer Vision*, pp. 213–228, 2016.

[21] Aditya Prakash, Kashyap Chitta, and Andreas Geiger. Multi-Modal Fusion Transformer for End-to-End Autonomous Driving. In *Proc. of Computer Vision and Pattern Recognition*, pp. 7077–7087, 2021.

[22] Hamid Joze, Reza Vaezi, Amirreza Shaban, Michael L. Iuzzolino, and Kazuhito Koishida. MMTM: Multimodal Transfer Module for CNN Fusion. In *Proc. of Computer Vision and Pattern Recognition*, pp. 13289–13299, 2020.

[23] Jingkai Zhou, Varun Jampani, Zhixiong Pi, Qiong Liu, and Ming-Hsuan Yang. Decoupled Dynamic Filter Networks. In *Proc. of Computer Vision and Pattern Recognition*, pp. 6647–6656, 2021.

[24] Andreas Geiger, Philip Lenz, and Raquel Urtasun. Are We Ready for Autonomous Driving? The KITTI Vision Benchmark Suite. In *Proc. of Computer Vision and Pattern Recognition*, pp. 3354–3361, 2012.

[25] Sudong Cai, Shohei Nobuhara, and Ko Nishino. RGB Road Scene Material Segmentation. In *Proc. of Asian Conference on Computer Vision*, pp. 3051–3067, 2022.

のぶはら しょうへい（京都大学）

フカヨミ データ拡張
最新データ拡張手法で画像認識精度を改善！

■鈴木哲平

　機械学習において，学習データの規模は最も重要な要素の1つである。特に，Vision Transformer のような帰納バイアスが少ないとされるモデルにおいては，データセットの規模をいかにスケールさせるかが，学習の安定化や汎化性能の向上の鍵となる。しかし，一般にデータ収集やデータへのラベル付与には多大なるコストがかかるので，大規模な学習データセットを構築することは容易ではない。そのため，機械学習，特に深層学習においては，データに何らかの変換を加えることで新たなデータを作り出し，データの多様性を高める，データ拡張（data augmentation）を利用してモデルを学習させることが一般的である。

　本稿では，画像データにおける一般的なデータ拡張について述べた後，モデルやデータに合わせてデータ拡張方法を探索/最適化する手法について解説する。

1　画像におけるデータ拡張手法

　データ拡張は，データに何らかの変換を適用することで学習データの多様性を高めるテクニックである。ただし，データ拡張に利用する変換は多くの場合「元の画像のもつ意味を変えない」という要請を満たす必要がある[1]。一般的には，学習データの多様性向上とともにモデルの汎化性能を改善することが目的とされるが，そのほかにも，テスト時におけるモデルの頑健性や認識性能の向上や，半教師あり学習・教師なし表現学習での利用など，さまざまな目的で行われる（図1）。

　画像データに対する代表的なデータ拡張として，水平反転とランダムクロップが挙げられる。これらの変換は，画像がもつ意味や教師ラベルとの対応関係を壊さないことが多くの場合に保証されており，実際に，画像分類や物体検出，領域分割など，さまざまな画像認識タスクで利用されている。もちろんこれらの変換以外にも，回転やせん断変換といった幾何変換や，コントラストや輝度値にランダムにノイズを加える色に関する変換など，さまざまな変換が利用される。

[1] たとえば教師あり学習を考えると，変換の結果として教師ラベルと対応がつかない画像が得られてしまうと，ラベルの一貫性がなくなり，モデルは意味のある特徴を抽出することが困難になる。

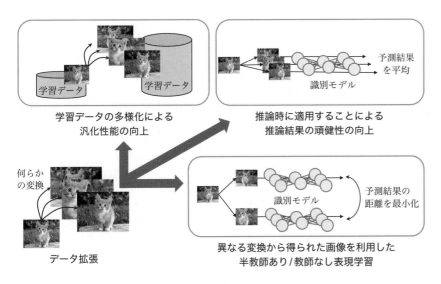

図1 データ拡張とその利用例

1.1 高度なデータ拡張

前述の単純な変換に留まらず，多種多様な変換がデータ拡張に利用されている。代表的なものとして，画像の一部を矩形でランダムに欠損させる Cutout [1] や Random Erasing [2] と呼ばれる手法や，異なる2つの画像の加重平均を計算する Mixup [3]，Between-class Learning [4]，Sample Pairing [5] と呼ばれるデータ拡張手法がある[2]。さらには，Cutout のように矩形領域を欠損させた後，欠損領域に異なる画像を当てはめる CutMix [6] や，画像ペアではなく，単一の画像に対して異なるデータ拡張を施した N 枚の画像の加重平均をとる AugMix [7] など，複雑なデータ拡張手法も存在する[3]。

上記で紹介したデータ拡張手法の多くは，画像分類タスクに焦点を当てて評価されているが，物体検出や画像分割など他のタスクに焦点を当てたデータ拡張手法も研究されている [12, 13]。また，単なる画像空間における変換だけではなく，3次元情報を利用するデータ拡張手法 [14, 15] や，特徴空間でのデータ拡張手法なども提案されている [16, 17]。

1.2 データ拡張の危険性

データ拡張は，時にモデルのテストエラー率を悪化させる場合もある。これは往々にして，タスクやデータに対して不適当な変換を施していることが原因である。

一例として，手書き文字認識のタスクに対して，水平反転をデータ拡張に利用する場合を考える。水平反転は，風景画像のような自然画像に対して画像が

[2] RandomErasing と Cutout，また，Mixup，Between-class Learning，Sample Pairing は，変換のパラメトライズの仕方が異なるが，概ね同じ変換である。
[3] ここに紹介した以外にも，数多くの派生手法が存在する。例として，RICAP [8]，PuzzleMix [9]，AugMax [10]，YOCO [11] などがある。

もつ意味を変化させることはほとんどないが，文字認識においては，変換された画像は "鏡文字" となり，本来期待する画像の意味と異なる意味をもつ画像となる。モデルが鏡文字も認識することを期待する場合には有効であるが，鏡文字が認識対象として存在し得ない場合には，モデルは本来解きたいタスクより複雑なタスクを学習してしまい，本来のタスクに対する性能が劣化する，ということがある。また，ランダムクロップのような変換においても，クロップする位置や大きさ次第で，教師ラベルと対応しない領域を切り出してしまい，モデルの性能を劣化させる場合がある。

　ただし，データ拡張によって現実と異なる，あるいは現実にはあり得ない画像に変形されてしまうことが，テスト精度に悪影響を及ぼすとは限らない。たとえば，車載カメラから撮影された画像のセグメンテーションタスクでは，データ拡張の1つとして水平反転を利用することが多い。通常，これらの画像の左右を反転すると，走行する車線や，標識や看板に記載されている文字が反転し，鏡の世界の画像となる。先の文字認識の例に従えば，モデルの汎化性能を損なうように思えるが，実際にはそうとは限らない。これは，セグメンテーションタスクでは，認識対象となる領域（たとえば路面や標識，車など）を識別する際に，文字情報や走行車線といった情報があまり寄与しないためである。ただし，車のナンバープレートや標識の意味を認識する場合には，文字や記号の情報が重要になるため，鏡文字となってしまう水平反転はテスト精度を損なうおそれがある。また，水平反転に限らず，識別精度の平均は向上していても特定のクラスの識別精度が低下する，といった予期しないバイアスがモデルにかかってしまうことがある [18]。

2　データ拡張の探索/最適化

　ここまでで述べたように，データ拡張に利用する変換は，タスクやデータに合わせて適切な変換を選ぶ必要がある。しかし，適切な変換を選ぶには，データやタスク，候補となる変換に対する深い理解が必要となるため，初学者や非専門家にとっては簡単ではない。このような問題意識から，2019 年に AutoAugment [19] と呼ばれる，適切なデータ拡張を探索する手法が提案された。その後，数多くの派生手法が提案され，現在では AutoAugment をはじめとするいくつかの派生手法が Deep Learning Framework の一種である PyTorch に実装されている [20]。

　本節では，データ拡張探索手法である AutoAugment の概要と，いくつかの派生手法の例を挙げる。また，データ拡張を最適化する手法として敵対的データ拡張を導入し，その一種である TeachAugment [21] について解説する。

2.1 AutoAugment

AutoAugment [19] は，学習データを学習用と評価用に分割し，評価用デー
タに対するモデルの精度を最も高めるデータ拡張を探索する手法である。デー
タ拡張の探索は，強化学習の一種である PPO（proximal policy optimization）
[22] を用いて Controller RNN を学習することで実現される。より具体的には，
(i) Controller RNN により，後述する方策（policy）をサンプリングした後，
(ii) 得られた方策を利用して学習データでモデルを学習させ，(iii) 評価データに
おける学習後のモデルの精度を報酬として，PPO により Controller RNN を更
新する，という一連の流れを繰り返すことで，より良い方策を探索する。

AutoAugment では，最適化対象である方策を 5 つのサブ方策の集合として
定義し，各サブ方策は，入力に対し 2 つの変換を，個々の変換に付随する適用
確率に従ってデータに作用させる関数として定義される（図 2）。モデルの学
習時は，学習の 1 ステップごとに方策からサブ方策をランダムに 1 つ選択し，
データを変換する。AutoAugment の探索空間は，Python の画像処理ライブラ
リである Pillow [23] に実装されている 14 種類の変換と，Cutout [1]，Sample
Pairing [5] を加えた全 16 種類の関数から構成される。各関数は，変換の適用確
率と，（一部の関数を除き）変換強度をパラメータとしてもつ。最適化の都合上，
AutoAugment ではこれらのパラメータを離散値として定義する。ただし，適用
確率は $[0,1]$ を 10 等分した値，変換強度は事前に設定した範囲を 11 等分した値
で定義する。結果として，探索空間の広さはサブ方策当たり $(16\times10\times11)^2$ とな
り，サブ方策 5 つで 1 つの方策となるので，全体として $(16\times10\times11)^{10} \approx 2.9\times10^{32}$
の探索空間となる。Controller RNN は，この探索空間から 30 個の離散変数[4]
で表される方策をサンプリングする。

AutoAugment は，主要な画像分類ベンチマークにおいて，当時最も有効で

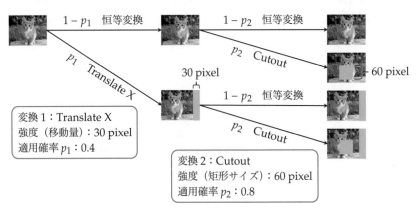

図 2　AutoAugment のサブ方策によるデータ拡張の例

変換 1：Translate X
強度（移動量）：30 pixel
適用確率 p_1：0.4

変換 2：Cutout
強度（矩形サイズ）：60 pixel
適用確率 p_2：0.8

[4] 各サブ方策は変換の種類，変
換強度，適用確率の 3 つ組を
2 変換分もち，方策は 5 つの
サブ方策から成り立つことか
ら，$3\times2\times5 = 30$ パラメータ
となる。

あったデータ拡張の1つである Cutout と比較し，テストエラー率を大きく向上させた。またそれだけではなく，ImageNet を用いて探索されたデータ拡張の方策は，他のデータセットの学習においても有効であることが確認されている。

しかし，AutoAugment は，計算コストが膨大である[5]ことが重大な欠点として挙げられる。そのため，探索空間の圧縮や代理コストを用いることにより探索時間を短縮する，Fast/Faster AutoAugment [24, 25]，PBA [26]，DADA [27]，AWS [28] といった派生手法が数多く提案された。ここでは一例として，torchvision [29] に実装されている RandAugment [30] と TrivialAugment [31] について，概要を紹介する。

RandAugment は，AutoAugment における探索空間を縮小することで探索時間を削減する手法である。具体的には，すべての変換に共通する相対的な強度パラメータ M と，1サンプル当たりに適用する変換の数 N の2つのパラメータを探索対象とし，データに適用する N 個の変換は，イテレーションごとに候補となる関数の集合からランダムに選択する（Algorithm 1）。加えて，候補となる関数に恒等変換を含めることで適用確率を排除し，選択された変換を必ず適用するように変更している。これにより，パラメータの組み合わせのオーダーは多くても 100 程度となり，グリッドサーチのような単純な手法による探索が可能になった。

Algorithm 1　RandAugment

1: **for** $i = 1, \ldots, N$ **do**
2:　　$a \sim \mathcal{A}$　　　　　　　▷ 変換候補集合 $\mathcal{A}$ から変換 a をランダムサンプリング
3:　　$x \leftarrow a(x, M)$　　　　　　　▷ 変換強度 M に従ってデータ x に変換 a を適用
4: **end for**

TrivialAugment は RandAugment の探索パラメータである N を1とし，M を $[0, 30]$ の範囲から学習の毎ステップでランダムにサンプリングする[6]。強度パラメータを固定した RandAugment と比較すると，学習中にさまざまな強度の変換が適用されることが大きな違いである。

2.2　敵対的データ拡張

AutoAugment で利用される「評価データにおける精度の最大化」という観点とは別に，学習データにおける損失の最大化という観点でデータ拡張を最適化する，敵対的データ拡張[7]と呼ばれる手法が存在する。ランダムな変換を加える一般的なデータ拡張に対し，敵対的データ拡張は，「損失の高いサンプル＝モデルが未知（未学習）のサンプル」という考えに立ち，損失の高いデータを作り出す変換を積極的に選ぶことで，モデルの学習を効率化する手法である。

損失の最大化という考え方の適用しやすさが，敵対的データ拡張の利点の1つといえる。たとえば，AutoAugment では精度の最大化を目的とするため，ラベル情報は必須であるが，敵対的データ拡張はラベル情報が手に入らない状況でも利用できる。また，データ拡張の評価をするためのデータを学習データとは別に用意する必要がないことも利点といえる。一方で，敵対的データ拡張の探索の目的関数は学習データに対する損失を増加させることであるため，精度の最大化を目的関数とする場合と異なり，汎化性能の向上が保証されない。

一般に，敵対的データ拡張は次のような最大化問題として記述できる。

$$\arg\max_{\phi} L(f_\theta, a_\phi, x) \tag{1}$$

ここで，L は任意の損失関数，f_θ は θ をパラメータとする CNN などの学習対象のモデル，a_ϕ は ϕ をパラメータとするデータ拡張関数，x は入力データを表す。たとえば，敵対的摂動を利用した学習法である VAT（virtual adversarial training）[34] では，次の最大化問題により，モデルの出力を最も変化させるノイズを計算し，得られたノイズを付与したデータに対する損失を下げることでモデルを学習する。

$$\phi_{\text{v-adv}} = \arg\max_{\phi} \text{KL}(f_\theta(x) \| f_\theta(x + \phi)), \ s.t. \ \|\phi\|_2 \le \epsilon \tag{2}$$

ただし，$\text{KL}(\cdot\|\cdot)$ は KL ダイバージェンス，$\|\cdot\|_2$ は $\ell 2$ ノルム，$\epsilon > 0$ は変換強度を制限するハイパーパラメータを表す。VAT は，データ拡張を $a_\phi(x) = x + \phi$（ただし，$x, \phi \in \mathbb{R}^n$）とした際に，モデルの予測結果が最も変動するデータ拡張を求める手法と考えることができる[8]。VAT のような単なるノイズ付加だけではなく，一般的にデータ拡張に利用される関数に対して目的関数を最大化するようなパラメータを求める手法も数多く存在する [35, 36, 37][9]。

敵対的データ拡張は，さまざまなタスクで有効性が確認されている一方で，変換強度の最大値（VAT の場合 ϵ）や，データ拡張関数に関する正則化にかかわるハイパーパラメータが精度を大きく左右するという扱いにくさをもつ。これは，敵対的データ拡張を，$\max_\phi \min_\theta L(f_\theta, a_\phi, x)$ のように，データ拡張 a_ϕ と学習対象のモデル f_θ 間の損失 L における max-min 問題と考えたとき，データ拡張がモデルに対して有利な立場にあることに起因する。より具体的には，損失の最大化は，画像がもつ意味を壊す，すなわちデータを認識不可能な状態に変換することで，容易に達成することができる。図 3 (a) に示すように，元の画像を識別するに足る情報が失われる場合がある。多くの手法では，変換強度の制限や正則化により予期しない変換を避けるが，変換を制限しすぎると，データを十分多様化できず汎化性能の向上が見込めないため，学習条件に合わせて

[8] VAT では，テイラー展開による 2 次近似，冪乗法による最大固有値の計算，有限差分による 2 次微分の近似を利用することで，最大化問題を高速に解く方法を提案している。
[9] VAT は敵対的データ拡張にラベルを必要としないが，教師ラベルを含む損失関数を利用する手法もある。

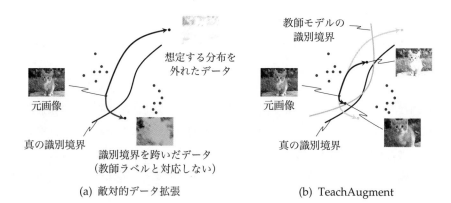

(a) 敵対的データ拡張   (b) TeachAugment

図 3　敵対的データ拡張と TeachAugment の比較。TeachAugment では教師モデルを利用して画像と教師ラベルの対応を崩すデータ拡張を避ける。

ハイパーパラメータを調整する必要がある。すなわち，事前知識に基づくパラメータ調整が必要になる。

2.3　TeachAugment

　敵対的データ拡張におけるパラメータ調整の手間を軽減する手法として，TeachAugment [21] がある。TeachAugment は，変換後の画像が認識可能であること（データとラベルの対応が壊れていないこと）を保証するために，教師モデルと呼ばれる学習対象のモデルとは異なるモデルを利用する。教師モデルを t_ξ とすると，TeachAugment の目的関数は次のように定義される。

$$\max_\phi \min_\theta \mathbb{E}_x \left[L(f_\theta(a_\phi(x))) - L(t_\xi(a_\phi(x))) \right] \tag{3}$$

この目的関数は，データ拡張が f_θ に対して敵対的であるという敵対的データ拡張の考え方に加えて，t_ξ の損失を下げる（負の損失の最大化＝損失の最小化），すなわち t_ξ に対しては認識可能であるという考え方を導入している。図 3 (b) に示すように，教師モデルの識別境界を跨がないように（識別可能であるように）画像が変換される。これにより，データ拡張を制御するためのハイパーパラメータを導入することなく，データ拡張後の画像が認識可能であることが要請され，人手によるパラメータ調整の負荷を軽減している。

　一方で，TeachAugment では教師モデルの準備が 1 つのボトルネックとなる。教師モデルとしては，単純には (1) 事前に学習されたモデル，(2) 学習対象のモデル f_θ のパラメータの指数移動平均（exponential moving average）をパラメータとする EMA モデル[10] の 2 つが考えられる。論文の著者らは，事前学習済みモデルを教師モデルとして利用する場合に比べ，EMA モデルを利用したほうがテストデータにおけるエラー率が低下することを実験により示しており，

[10] EMA モデルは，学習対象のモデル f_θ と同一構造で，パラメータ θ の指数移動平均 $\hat{\theta} \leftarrow \zeta\hat{\theta}+(1-\zeta)\theta$ をパラメータとするモデル。TeachAugment の論文では EMA モデルを標準の教師モデルとしているため，表記に t_ξ ではなく，f_θ を用いているが，ここではターゲットモデル f_θ と区別しやすくするために異なる表記を用いた。

事前学習モデルと比較して準備が容易であることから，EMA モデルの利用を推奨している。

　TeachAugment では，AutoAugment の探索空間の複雑さにも着目しており，ニューラルネットを用いて単純化することを提案している。TeachAugment では，データ拡張を幾何変換（アフィン変換）と色の変換（ピクセルごとの線形変換）の 2 種類で定義し，それぞれの変換のパラメータをニューラルネットからサンプリングする。幾何変換は，正規分布からサンプリングされたノイズを入力とし，アフィン変換のパラメータを返す多層パーセプトロンで実現され，色変換は，幾何変換で利用したノイズと同一のノイズベクトルとピクセルの輝度値を結合したベクトルを入力とし，線形変換のパラメータを返す多層パーセプトロンで実現される。ピクセル数 N の入力画像を $x \in \mathbb{R}^{N \times 3}$，標準正規分布から得られた M 次元のノイズを $z \sim \mathcal{N}(0, \mathbf{I}_M)$，アフィン変換のパラメータを $A \in \mathbb{R}^{2 \times 3}$，色変換のパラメータを $\alpha, \beta \in \mathbb{R}^3$，幾何変換，色変換のパラメータを出力するニューラルネットをそれぞれ $\mathrm{NN}_{\phi_g}, \mathrm{NN}_{\phi_c}$ とすると，それぞれの変換は次式で表現される[11]。

$$\hat{x} = \mathrm{Affine}(x, A), \quad A = \mathrm{NN}_{\phi_g}(z) \tag{4}$$

$$\tilde{x}_i = \alpha \odot x_i + \beta, \quad (\alpha, \beta) = \mathrm{NN}_{\phi_c}(z, x_i) \tag{5}$$

$\odot$ はベクトルの要素ごとの積を表し，$x_i \in \mathbb{R}^3$，$\tilde{x}_i \in \mathbb{R}^3$，$\hat{x} \in \mathbb{R}^{N \times 3}$ は順に i 番目のピクセルの輝度値，色変換後のピクセルの輝度値，幾何変換後の画像を表す。TeachAugment では，色変換 → 幾何変換の順で，AutoAugment のサブ方策のパイプラインと同様にデータ拡張を行う。AutoAugment のサブ方策と異なり，変換の種類と強度はニューラルネットの出力に依存するため，ニューラルネットの学習パラメータを更新することでデータ拡張の最適化が行われる。また，TeachAugment では，適用確率を Relaxed ベルヌーイ分布 [38] を利用して勾配法により更新する[12]。より具体的には，適用確率 p をパラメータとする Relaxed ベルヌーイ分布からサンプリングした $(0, 1)$ の連続値を重み w として，変換を恒等変換とするパラメータとニューラルネットが出力したパラメータの加重平均を用いてデータを変換する[13]。

　AutoAugment では 16 種類の変換から探索空間が構築されるのに対して，TeachAugment では 2 種類の関数のみから探索空間が構成され，よりシンプルな定義となっているが，この 2 種類で AutoAugment の探索空間に含まれる多くの変換を表現できる。また，どちらの変換も変換のパラメータに関して微分可能であるため，勾配法を用いてデータ拡張の最適化が可能である。

　TeachAugment では，交互最適化によりモデルとデータ拡張を更新する。TeachAugment の目的関数やパラメータ更新則は敵対的生成ネットワーク（GAN）

11) TeachAugment では，色変換後の輝度値が $[0, 1]$ に収まるように活性化関数として三角波を利用しているが，ここでは省略した。

12) DADA [27] や Faster AutoAugment [25] でも同様のテクニックが利用されているが，これらの手法は分布からサンプリングされた値で変換前後の画像の加重平均をとる。

13) たとえば，幾何変換の場合は単位行列 I との加重平均，すなわち $\hat{A} = wA + (1-w)I$，色変換の場合は，α は 1，β は 0 との加重平均，すなわち $\hat{\alpha} = w\alpha + (1-w) \cdot 1$，$\hat{\beta} = w\beta + (1-w) \cdot 0$ を計算する。

[39] や強化学習の一種である Actor-Critic [40, 41] と類似していることから，これらの分野で利用される学習安定化のテクニックが取り入れられている。中でも，GAN で利用される non-saturating GAN loss は TeachAugment によるデータ拡張の学習に欠かせないものとなっている。これは，損失関数を交差エントロピーとした際に，データ拡張更新時のターゲットモデルに関する損失 $L(f_\theta(a_\phi(x)))$ を $-L(1 - f_\theta(a_\phi(x)))$ に変更するテクニックで，これにより，ターゲットモデル f_θ の学習が進んだ際に勾配が飽和する問題を解決している。より具体的には，$y \in \{0,1\}^n$ を正解ラベルとすると，交差エントロピーは $L(f_\theta(a_\phi(x)), y) = -\sum_i y_i \log(f_\theta(a_\phi(x))_i)$ であり（$f_\theta(a_\phi(x))_i$ は i 番目のクラスに対する予測確率），このとき，non-saturating GAN loss は $\sum_i y_i \log(1 - f_\theta(a_\phi(x))_i)$ となる。

2.4 探索/最適化手法の使いどころ

データ拡張の探索/最適化手法は現在数多く提案されているが，ほとんどの手法は探索の効率化に焦点を当てているため，どの手法を使っても CIFAR-10/100 や ImageNet といった主要なベンチマークにおけるエラー率はほとんど変わらない。そのため，実用的には，パラメータの探索が不要な TrivialAugment や ImageNet で探索された AutoAugment の方策，もしくは探索パラメータが少ない RandAugment の利用を最初に検討するとよいだろう。一方で，TeachAugment の実験では，TrivialAugment や RandAugment は，Cityscapes の Semantic Segmentation タスクにおいてモデルの性能を劣化させる場合があることが示されている。そのため，性能の劣化が起きた場合や，性能を限界まで上げたい場合には，ある程度広い探索空間からデータ拡張を探索/最適化する手法の利用を検討するとよいだろう。

3　データ拡張の応用の広がり

本稿の序盤で述べたように，データ拡張は単なる教師あり学習におけるモデルの汎化性能の向上だけではなく，さまざまな目的で利用される。たとえば，半教師あり学習や教師なし表現学習では，ラベルがついていないデータに対して，データに変換を加えても画像の意味は変わらないという仮定のもと，データ拡張前後のモデルの予測結果，もしくは異なるデータ拡張がなされた同一の画像間でのモデルの予測結果を一致させるようにモデルの学習を行う[14]。一般的なデータ拡張を用いた学習と異なり，これらの用途においては，データ拡張がアルゴリズムの必要不可欠なパーツとして組み込まれる[15]。

また，CutPaste [42] と呼ばれる異常検知手法は，異常検知モデルを教師あり学習するためにデータ拡張を利用している。CutPaste はその名のとおり，画像

[14] 2.2 項で紹介した VAT は半教師あり学習手法の一種であり，ある一定の強度の摂動を加えても，モデルの予測結果が KL ダイバージェンスの意味で不変であることを要請する。

[15] 教師なし表現学習（対照学習）に関しては『コンピュータビジョン最前線 Winter 2021』，半教師あり学習に関しては『コンピュータビジョン最前線 Summer 2022』を参照。

中のランダムな領域を切り取り（Cut），切り出されたパッチに適当な変換を加えた後，元の画像のランダムな位置にパッチを貼り付けることで（Paste），擬似的に異常データを作り出す手法である。人工的に作り出された異常画像と，正常画像を分類するモデルを学習させることで異常検知に有用な表現を学習し，MVTec と呼ばれるベンチマークで非常に高い異常検知精度を達成している。こちらも，データ拡張が欠かせない要素としてアルゴリズムに利用されている。

4 おわりに

データ拡張は，画像認識問題において必ずといっていいほど利用される技術である。一部のタスクやドメインでは，データ拡張の利用に際して専門的な知見が必要である場面が多々あるが，データ拡張の探索，最適化手法により解決が試みられている。加えて近年，データ拡張に対する実験的，理論的な解析が行われている [43, 18, 44, 45]。今後さらなる解析が進み，より効果的，効率的なデータ拡張手法へと繋がることを期待する。

参考文献

[1] Terrance DeVries and Graham W. Taylor. Improved regularization of convolutional neural networks with cutout. *arXiv preprint arXiv:1708.04552*, 2017.

[2] Zhun Zhong, Liang Zheng, Guoliang Kang, Shaozi Li, and Yi Yang. Random erasing data augmentation. In *AAAI Conference on Artificial Intelligence*, Vol. 34, pp. 13001–13008, 2020.

[3] Hongyi Zhang, Moustapha Cisse, Yann N. Dauphin, and David Lopez-Paz. mixup: Beyond empirical risk minimization. In *International Conference on Learning Representations*, 2018.

[4] Yuji Tokozume, Yoshitaka Ushiku, and Tatsuya Harada. Between-class learning for image classification. In *IEEE/CVF Conference on Computer Vision and Pattern Recognition*, pp. 5486–5494, 2018.

[5] Hiroshi Inoue. Data augmentation by pairing samples for images classification. *arXiv preprint arXiv:1801.02929*, 2018.

[6] Sangdoo Yun, Dongyoon Han, Seong J. Oh, Sanghyuk Chun, Junsuk Choe, and Youngjoon Yoo. CutMix: Regularization strategy to train strong classifiers with localizable features. In *IEEE/CVF International Conference on Computer Vision*, pp. 6023–6032, 2019.

[7] Dan Hendrycks, Norman Mu, Ekin D. Cubuk, Barret Zoph, Justin Gilmer, and Balaji Lakshminarayanan. AugMix: A simple data processing method to improve robustness and uncertainty. In *International Conference on Learning Representations*, 2020.

[8] Ryo Takahashi, Takashi Matsubara, and Kuniaki Uehara. Data augmentation using random image cropping and patching for deep CNNs. *IEEE Transactions on Circuits*

and Systems for Video Technology, Vol. 30, No. 9, pp. 2917–2931, 2019.

[9] Jang-Hyun Kim, Wonho Choo, and Hyun O. Song. Puzzle mix: Exploiting saliency and local statistics for optimal mixup. In *International Conference on Machine Learning*, pp. 5275–5285. PMLR, 2020.

[10] Haotao Wang, Chaowei Xiao, Jean Kossaifi, Zhiding Yu, Anima Anandkumar, and Zhangyang Wang. AugMax: Adversarial composition of random augmentations for robust training. *Advances in Neural Information Processing Systems*, Vol. 34, pp. 237–250, 2021.

[11] Junlin Han, Pengfei Fang, Weihao Li, Jie Hong, Mohammad A. Armin, Ian Reid, Lars Petersson, and Hongdong Li. You only cut once: Boosting data augmentation with a single cut. In *International Conference on Machine Learning*, 2022.

[12] Golnaz Ghiasi, Yin Cui, Aravind Srinivas, Rui Qian, Tsung-Yi Lin, Ekin D. Cubuk, Quoc V. Le, and Barret Zoph. Simple copy-paste is a strong data augmentation method for instance segmentation. In *IEEE/CVF Conference on Computer Vision and Pattern Recognition*, pp. 2918–2928, 2021.

[13] Barret Zoph, Ekin D. Cubuk, Golnaz Ghiasi, Tsung-Yi Lin, Jonathon Shlens, and Quoc V. Le. Learning data augmentation strategies for object detection. In *European Conference on Computer Vision*, pp. 566–583. Springer, 2020.

[14] Guanghan Ning, Guang Chen, Chaowei Tan, Si Luo, Liefeng Bo, and Heng Huang. Data augmentation for object detection via differentiable neural rendering. *arXiv preprint arXiv:2103.02852*, 2021.

[15] Oğuzhan F. Kar, Teresa Yeo, Andrei Atanov, and Amir Zamir. 3D common corruptions and data augmentation. In *IEEE/CVF Conference on Computer Vision and Pattern Recognition*, pp. 18963–18974, 2022.

[16] Vikas Verma, Alex Lamb, Christopher Beckham, Amir Najafi, Ioannis Mitliagkas, David Lopez-Paz, and Yoshua Bengio. Manifold mixup: Better representations by interpolating hidden states. In *International Conference on Machine Learning*, pp. 6438–6447. PMLR, 2019.

[17] Masato Ishii and Atsushi Sato. Training deep neural networks with adversarially augmented features for small-scale training datasets. In *International Joint Conference on Neural Networks*, pp. 1–8. IEEE, 2019.

[18] Randall Balestriero, Leon Bottou, and Yann LeCun. The effects of regularization and data augmentation are class dependent. *arXiv preprint arXiv:2204.03632*, 2022.

[19] Ekin D. Cubuk, Barret Zoph, Dandelion Mane, Vijay Vasudevan, and Quoc V. Le. AutoAugment: Learning augmentation strategies from data. In *IEEE/CVF Conference on Computer Vision and Pattern Recognition*, pp. 113–123, 2019.

[20] https://pytorch.org/vision/main/transforms.html#automatic-augmentation-transforms.

[21] Teppei Suzuki. TeachAugment: Data augmentation optimization using teacher knowledge. In *IEEE/CVF Conference on Computer Vision and Pattern Recognition*, pp. 10904–10914, 2022.

[22] John Schulman, Filip Wolski, Prafulla Dhariwal, Alec Radford, and Oleg Klimov.

Proximal policy optimization algorithms. *arXiv preprint arXiv:1707.06347*, 2017.

[23] https://pillow.readthedocs.io/en/stable/.

[24] Sungbin Lim, Ildoo Kim, Taesup Kim, Chiheon Kim, and Sungwoong Kim. Fast AutoAugment. *Advances in Neural Information Processing Systems*, Vol. 32, 2019.

[25] Ryuichiro Hataya, Jan Zdenek, Kazuki Yoshizoe, and Hideki Nakayama. Faster AutoAugment: Learning augmentation strategies using backpropagation. In *European Conference on Computer Vision*, pp. 1–16. Springer, 2020.

[26] Daniel Ho, Eric Liang, Xi Chen, Ion Stoica, and Pieter Abbeel. Population based augmentation: Efficient learning of augmentation policy schedules. In *International Conference on Machine Learning*, pp. 2731–2741. PMLR, 2019.

[27] Yonggang Li, Guosheng Hu, Yongtao Wang, Timothy Hospedales, Neil M. Robertson, and Yongxin Yang. Differentiable automatic data augmentation. In *European Conference on Computer Vision*, pp. 580–595. Springer, 2020.

[28] Keyu Tian, Chen Lin, Ming Sun, Luping Zhou, Junjie Yan, and Wanli Ouyang. Improving auto-augment via augmentation-wise weight sharing. *Advances in Neural Information Processing Systems*, Vol. 33, pp. 19088–19098, 2020.

[29] https://github.com/pytorch/vision.

[30] Ekin D. Cubuk, Barret Zoph, Jonathon Shlens, and Quoc V. Le. RandAugment: Practical automated data augmentation with a reduced search space. In *IEEE/CVF Conference on Computer Vision and Pattern Recognition Workshops*, pp. 702–703, 2020.

[31] Samuel G. Müller and Frank Hutter. TrivialAugment: Tuning-free yet state-of-the-art data augmentation. In *IEEE/CVF International Conference on Computer Vision*, pp. 774–782, 2021.

[32] Tom C. LingChen, Ava Khonsari, Amirreza Lashkari, Mina R. Nazari, Jaspreet S. Sambee, and Mario A. Nascimento. UniformAugment: A search-free probabilistic data augmentation approach. *arXiv preprint arXiv:2003.14348*, 2020.

[33] Ian J. Goodfellow, Jonathon Shlens, and Christian Szegedy. Explaining and harnessing adversarial examples. In *International Conference on Learning Representations*, 2015.

[34] Takeru Miyato, Shin-ichi Maeda, Masanori Koyama, and Shin Ishii. Virtual adversarial training: A regularization method for supervised and semi-supervised learning. *IEEE Transactions on Pattern Analysis and Machine Intelligence*, Vol. 41, No. 8, pp. 1979–1993, 2018.

[35] Teppei Suzuki and Ikuro Sato. Adversarial transformations for semi-supervised learning. In *AAAI Conference on Artificial Intelligence*, Vol. 34, pp. 5916–5923, 2020.

[36] Xi Peng, Zhiqiang Tang, Fei Yang, Rogerio S. Feris, and Dimitris Metaxas. Jointly optimize data augmentation and network training: Adversarial data augmentation in human pose estimation. In *IEEE/CVF Conference on Computer Vision and Pattern Recognition*, pp. 2226–2234, 2018.

[37] Xinyu Zhang, Qiang Wang, Jian Zhang, and Zhao Zhong. Adversarial AutoAugment. *arXiv preprint arXiv:1912.11188*, 2019.

[38] Chris J. Maddison, Andriy Mnih, and Yee W. Teh. The concrete distribution: A

continuous relaxation of discrete random variables. In *International Conference on Learning Representations*, 2017.

[39] Ian Goodfellow, Jean Pouget-Abadie, Mehdi Mirza, Bing Xu, David Warde-Farley, Sherjil Ozair, Aaron Courville, and Yoshua Bengio. Generative adversarial networks. *Communications of the ACM*, Vol. 63, No. 11, pp. 139–144, 2020.

[40] Richard S. Sutton, David McAllester, Satinder Singh, and Yishay Mansour. Policy gradient methods for reinforcement learning with function approximation. In *Advances in Neural Information Processing Systems*, Vol. 12, 1999.

[41] Vijay Konda and John Tsitsiklis. Actor-critic algorithms. In *Advances in Neural Information Processing Systems*, Vol. 12, 1999.

[42] Chun-Liang Li, Kihyuk Sohn, Jinsung Yoon, and Tomas Pfister. CutPaste: Self-supervised learning for anomaly detection and localization. In *IEEE/CVF Conference on Computer Vision and Pattern Recognition*, pp. 9664–9674, 2021.

[43] Raphael G. Lopes, Sylvia J. Smullin, Ekin D. Cubuk, and Ethan Dyer. Tradeoffs in data augmentation: An empirical study. In *International Conference on Learning Representations*, 2021.

[44] Randall Balestriero, Ishan Misra, and Yann LeCun. A data-augmentation is worth a thousand samples: Exact quantification from analytical augmented sample moments. *arXiv preprint arXiv:2202.08325*, 2022.

[45] Jonas Geiping, Gowthami Somepalli, Ravid Shwartz-Ziv, Andrew G. Wilson, Tom Goldstein, and Micah Goldblum. How much data is augmentation worth? In *International Conference on Machine Learning Workshops*, 2022.

すずき てっぺい（デンソーアイティーラボラトリ）

ニュウモン ニューラル３次元復元
フレームワークで理解する3D最新研究！

■齋藤隼介

1　はじめに

　インターネット上には，SNS などを通じて数多くの動画像のコンテンツが日々アップロードされています。これらの膨大なデータたちは，敵対的生成ネットワーク（generative adversarial network; GAN）[1] や拡散モデル（diffusion model）[2] といった強力な生成モデルと出会うことで，新たなコンテンツ生成の方法や研究領域の拡大に寄与し続けています。これらと比べて３次元コンテンツはどうでしょうか。もちろん３次元データもインターネット上に存在していますが，そのスケールは動画像などの２次元データと比べれば，微々たるものです。３次元コンテンツを表示する AR/VR のようなデバイスがまだ一般に普及していないことも大きな原因ですが，写真撮影や絵を描くといった２次元のコンテンツ制作と比べて，３次元コンテンツを作る障壁ははるかに高いためです。また，画像やテキストと異なり，さまざまなデータ表現（ボクセル，メッシュ，点群など）が混在していることも，３次元データの扱いづらさを増長させています。研究においても，３次元コンピュータビジョンと聞くと，何から始めていいかわからず，尻込みをしてしまう方もいるのではないでしょうか。

　一方で，アバターなどの３次元コンテンツを誰でも簡単に作成，編集できる世界には，非常にワクワクするものがあります。たった１枚の写真やイラストをアップロードするだけで立体に変換してくれるようなアプリがあれば，誰でも３次元データを自由に作り，共有，加工，編集できるようになります。また，遠方に住む家族に，あたかもその場にいるように感じられるホログラムメッセージを作ってスマホから送れるようになるかもしれません。ほかにも，フリマアプリで出品物の写真を数枚アップロードすれば，好きな角度から自由にプレビューできるようになったり，マンションのモデルルームを自宅にいながら見学できるようになるかもしれません[1]。

　こういったアイデアを可能にするために，現実世界の物体をデジタル空間に取り込む研究領域が３次元復元です。３次元復元は古くから研究されている分

[1] 実例を挙げると，スマホ撮影からの３次元スキャンサービスの Luma AI [3] や，オンライン内見サービスの Matterport [4] などがすでに出てきています。

野ですが，従来の手法は照明環境を既知とするなど，入力データに多くの制約があったり，マンハッタン仮定[2][5] のような，専門知識に基づく人為的な仮定が必要でした。一方，深層学習をはじめとするデータ駆動型のモデルは，事前知識をデータから直接学習し，今までは困難だった不完全な入力（たとえば，単眼画像など）からでも 3 次元形状や見た目，色を推定することが可能です。さらに，近年では微分可能レンダリングを組み合わせることで，3 次元の正解データがなくても同様の推定ができるようになってきています。ほかにも，詳細な 3 次元空間の情報をニューラルネットワークの重みとして圧縮し，従来のデータ表現よりも効率的に表現することもできます[3]。本稿では，深層学習やニューラルネットワークを活用した 3 次元復元技術のことをニューラル 3 次元復元と呼び，詳しく解説していきます。

ニューラル 3 次元復元の要素技術となる点群処理 [7]，ニューラル場 [8]，微分可能レンダリング [9] については，日本語での丁寧な解説がすでにあるので，本稿ではニューラル 3 次元復元の大きな枠組み，すなわちフレームワークを理解できるようになることを主な目標とします。つまり，ニューラル 3 次元復元という研究分野を各論として理解するのではなく，俯瞰し，入力と出力の関係や，要素技術の利点，問題点を整理していきます。その上で，それらのフレームワークを使いながら，どのように要素技術を組み合わせるべきなのかを解説します。最終的には，読者のみなさんが取り組みたい実際の問題に対して，適切な要素技術を選択できるようになることを目指します。

2　ニューラル 3 次元復元のフレームワーク

本節では，ニューラル 3 次元復元のフレームワーク，3 次元復元を実現する要素技術の包括的な構造，枠組みについて解説します。フレームワークと聞くと Pytorch，TensorFlow のような深層学習ライブラリを想像される方が多いかもしれません。これらの深層学習フレームワークは，従来アプリケーションごとに自前で開発していた機能をまとめ，さまざまな応用先に転用することを容易にしてきました。一方，本稿でのフレームワークとは，実装のためのライブラリのことではなく，関連研究を要素技術ごとにとりまとめるための枠組みを指します。ただし，3 次元復元を再利用可能な要素に分解し，各論文の理解や別の応用先への転用を容易にするという意味では共通するところがあります。

本稿で提案するニューラル 3 次元復元のフレームワークとは，「エンコーダ，デコーダ，損失関数に復元システムの構成要素を分解する」というものです。概要を図 1 に示します。ここで，エンコーダとは，入力データを潜在変数など

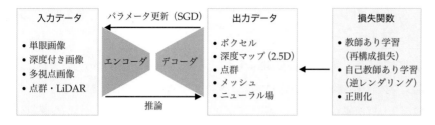

図1 ニューラル3次元復元のフレームワーク。エンコーダ，デコーダ，損失関数の3つを適切にデザインすることで，不完全な入力から3次元形状を取得することが可能になります。

の特徴量表現に変換するモジュールを指します。たとえば，単眼画像という入力データを畳み込みニューラルネットワークに与えて特徴ベクトルに変換するといったプロセスになります。画像なのか点群なのかなど，問題設定によって入力のデータ表現が決まってくるので，エンコーダに入力データをどのような特性をもった特徴量に変換させるべきなのかに注意を払う必要があります。エンコーダについては，3節で詳しく解説します。

　一方，デコーダは，エンコーダによって計算された特徴量を目的の3次元データ表現に変換するモジュールを指します。入力データとは異なり，出力の3次元データ表現は，研究者/開発者が自ら選ぶ必要があります。4節で詳しく解説しますが，出力の3次元データ表現はそれぞれが長所と短所を持ち合わせています。計算コストと求められる品質，精度などとの間のトレードオフに応じてエンコーダ/デコーダを選択することになります。基本的には，各データ表現に対し，最新かつパフォーマンスの良い手法を選択するのがよいでしょう。本稿でも代表的な手法を紹介しますので，参考にしてください。

　損失関数は，どのようなデータが学習時に利用可能かに応じて，選択できるものが大きく異なってきます。たとえば，微分可能レンダリング[9]は，3次元の正解データがなく2次元画像の正解データしかない場合に有効活用できます。3次元の正解データがある場合でも，メッシュのように各頂点間の対応が与えられている場合と，点群のように明示的に対応関係が与えられていない場合とで，選択できる損失関数が変わってきます。また，学習を安定させる正則化項は，出力データ表現やデコーダの選択に応じて変わってくることを頭に入れておいてください。詳しくは，5節で解説します。

　まとめると，与えられた問題に対し，

1. 入力データ表現と特徴表現に求める特性を踏まえて，**エンコーダ**を決める
2. 3次元データの出力としての要件（計算コスト，精度など）をもとに，出力データ表現と**デコーダ**を選ぶ

3. 利用可能な学習データの種類とデコーダの種類に応じて，**損失関数を決定する**

が，ニューラル3次元復元の基本ステップとなります。研究者の方は，過去の論文を検討する際，これらの要素に分解して眺めると要点が的確に見えるようになり，解決するべき課題も明確になります。開発者の方は，実務的な課題や要件を同様に分解することで，モジュール的に3次元復元のシステムを検討できるようになり，技術選択の意思決定が行いやすくなるでしょう。ここまででフレームワークの導入が完了したので，エンコーダ，デコーダ，そして損失関数の選択肢について具体的に解説していきます。

3　エンコーダ

3次元復元におけるエンコーダについて見ていきましょう。3次元復元のタスクは，不完全な入力データをもとに3次元形状を出力します。撮影装置（カメラ，LiDARなど）によって入力データの特性が大きく変わるので，それに応じて適切なエンコーダを選択することが重要です。ほかにも，エンコーダから抽出される特徴量の表現によって得手不得手が変わります[4]。

本節では，まず入力データの種類ごとに適したエンコーダを解説します。次に，抽出する特徴量を局所特徴量と大域特徴量に区別し，それぞれの特性や問題点を解説します。最後に，エンコーダの課題を述べ，さらに，エンコーダを用いずに直接デコーダと最適化によって3次元復元を行うアプローチについても解説します。

3.1　入力データで見るエンコーダの分類

不完全な入力として与えられるデータは，単眼画像（深度付きも含む），多視点画像，そして点群の3つに大別されます。以下，これらの種類ごとに解説していきます。

単眼画像，深度付き画像

単眼画像からの3次元復元は，3次元復元の中でも最もポピュラーなタスクの1つです。その要因は，単純にスマホで撮影した写真やインターネット上の画像など，最も手に入りやすいデータ形式であることだと思われます。画像は3次元空間の投影なので，3次元形状などを復元するには，一般的に奥行きの曖昧さが問題になります。従来手法では，カテゴリごとに事前計算されたテンプレートに対してフィッティングを行う方法 [10] や，対称性などの制約とユーザーからのアノテーションを組み合わせることで3次元形状を推定する方法 [11] など

[4] たとえば，画像空間上の大域特徴量は観測されていない部分を考慮した頑健な推定に向いていますが，細部の形状の再現性は低くなります。

がありました。しかし，これらの手法は制約から外れた入力への頑健性に乏しいほか，データから複雑な事前知識を学習することができません。

単眼画像のためのニューラル3次元復元では，主に2次元の畳み込みニューラルネットワーク（convolutional neural network; CNN）をエンコーダとして使用することで，タスクに応じた事前知識を組み込みます。エンコーダの選択に迷ったときは，関連領域で優秀なパフォーマンスをあげているアーキテクチャを利用するのが，バグの混入を最小限に留められる点からもオススメです。たとえば，ResNet [12] や VGG [13] など，分類問題に使われるアーキテクチャから多次元ベクトルとして得られる大域画像特徴量を用いる手法 [14, 15] や，Hourglass [16] や HRNet [17] など，セグメンテーションや2次元姿勢推定で用いられるアーキテクチャの畳み込み特徴量を用いる手法 [18, 19] があります。また，2次元の分類問題や姿勢推定などで学習済みのモデルをファインチューニングするなど，すでに多くの画像群によって得られた優れた中間表現を再利用することも非常によく行われます。

3.2項で詳しく説明しますが，同一カテゴリ内で姿勢や衣服などにより形状が大きく変化する場合（例：人間）には局所特徴量，車や飛行機など形状があまり変化しない場合には大域特徴量を用いるのが一般的です。ほかにも，畳み込み局所特徴量と大域特徴量の欠点を解消するため，ViT [20] など Transformer をもとにしたアーキテクチャをエンコーダとして用いる手法 [21] も注目されています。

キネクト（kinect）などの深度付きカラー画像[5] から，高精度な3次元復元を行う研究も行われています [22, 23, 24]。このように画像と深度の位置合わせが画素単位でなされているデータには，上記で述べた2次元の畳み込みネットワークの入力次元を3（RGB）から4（RGB-D）に変更するだけで対応できます。

[5] 深度付きカラー画像とは，画像上の各画素に，色情報に加えて奥行きを表す深度情報が格納されているデータ表現を指します。

多視点画像

多視点画像からの3次元復元も，長い間研究されているトピックです。多視点画像を取得するには，いくつかの方法があります。1つは，スタジオなどで用いられる複数のカメラをもつ撮影装置です。機材の設営のコストや手間が大きい反面，撮影のタイミングを同期させることで，人間などの動的な物体に対しても使用できます。もう1つは，1台のカメラによる複数視点からの撮影によるもので，Structure-from-Motion（SfM）[25] を使ってカメラパラメータを推定します。また，3次元復元を実時間で行わなければならない場合には，Visual SLAM [26, 27, 28, 29] を活用してカメラの姿勢を取得します。これらの方法は利便性が高い一方で，1つ目の例を除き，一般的に3次元復元できるのは静止している物体に限定されます[6]。

[6] 動的物体の単眼カメラからの3次元復元については，3.3項で解説します。

深層学習を用いない場合は，多視点画像の入力に対し，ステレオ画像群から幾何制約と画像パッチごとの誤差関数に基づいて高精度な3次元形状を復元する多視点ステレオを用いた手法 [30, 31] が主流です。ただ，これらの手法には，多くの画像が必要になるという問題のほか，テクスチャが乏しい部位や，反射の強い表面，透明な物体などを復元する際にノイズが発生しやすいという問題があります。頑健性や精度を向上させるために，光源情報 [32, 33]，陰影 [34]，色情報 [35]，意味情報 [36] などを明示的に活用する方法が提案されてきましたが，どのような特徴量が効果的なのかは問題設定によって変わります。そのため，特徴量を問題ごとに手作業で選択する必要がありました。

　上記の問題を解決するため，特徴量を明示的にデザインせず，データから直接学習する手法が近年提案されています [37, 38, 39, 40]。単眼画像と同様に2次元畳み込みネットワークをエンコーダとして使用しますが，加えて3次元の幾何制約を組み込みます。具体的には，図2に示すように，入力画像から得られた畳み込み特徴量にホモグラフィ変換を適用し，複数の深度候補に対してコストボリュームを計算します。次に，コストボリュームに対して3次元畳み込みネットワークを使うことで，立体的特徴量を得ます。

　ボクセル (4.1項) や空間の離散化を必要としないニューラル場 (4.5項) をデコーダに用いる場合は，多視点からの画像局所特徴量に対し，集約処理 (pooling) を行って複数視点からの情報をまとめます。特徴量の各次元の最大値を求める Max-

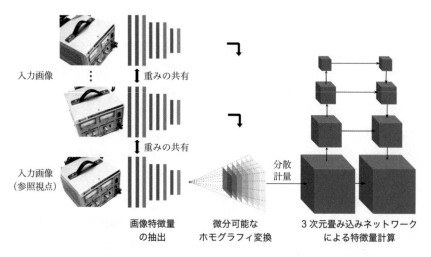

入力画像

重みの共有

入力画像
(参照視点)

重みの共有

分散計量

画像特徴量
の抽出

微分可能な
ホモグラフィ変換

3次元畳み込みネットワーク
による特徴量計算

図2　多視点画像からの特徴量エンコーディング（文献 [37] より画像を和訳して引用）。複数視点からの画像ごとに得られた畳み込み特徴量に対し，ホモグラフィ変換をかけて，特定の視点から見た各深度候補における特徴量の差分（コストボリューム）を計算します。さらに，3次元の畳み込みネットワークを適用して，最終的な特徴量を得ます。

Pooling [41] や，平均値を求める Average-Pooling [19, 42]，Gated Recurrent Unit（GRU）などの再帰ネットワークによる集約 [43, 44]，注意機構（attention）による重み付きの Average-Pooling [45, 46, 47] などが用いられます。

点群，LiDAR

　点群とは，3 次元上の点の集合であり，主にキネクトなどの RGB-D カメラや LiDAR[7] などの撮影装置によって得られるデータ形式です。点群は画像データと異なり，順不同な集合として表現するという特徴があります。そのため，エンコーダとして使えるネットワークアーキテクチャも異なってくるので注意が必要です。ここでは，代表的なアーキテクチャのみに絞って解説します[8]。

　深層学習における 3 次元点群処理の草分け的手法に，PointNet [48] があります。概要を図 3 に示します。PointNet では，多層パーセプトロン（multilayer perceptron; MLP）を用いて点ごとの特徴量を計算し，順不同な集約処理によって大域特徴量を得ます。大域特徴量と各点の特徴量を連結させ，さらに MLP をかけることで局所特徴量を得ることもできます。カテゴリ内での形状が限られている ShapeNet [49] などのデータセットの場合は，PointNet をエンコーダに使うだけで十分な性能を発揮します [50]。より複雑な 3 次元形状を取り扱う場合は，畳み込みの概念を導入することでより性能を向上させた PointNet++ [51] などのエンコーダを使用することもあります [52]。

　また，PointNet は回転不変や回転同変ではないため，入力データにランダムな回転が含まれている場合，データ拡張として学習時にランダムな回転を加える必要があります。この問題を解消するため，Vector Neurons [53] では，スカラーどうしの掛け合わせで表現されていたニューロンを 3 次元ベクトルに拡張することで，回転不変・同変な特徴量を学習する VN-PointNet を提案していま

[7] LiDAR は，レーザー照射に対する散乱光を測定し，対象までの距離を測定する技術およびシステムのことです。近年は自動運転用のセンサーとしての利用も期待されています。

[8] 日本語での網羅的な解説が [7] にあるので，そちらも参照してください。

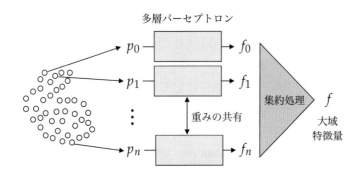

図 3　簡略化した PointNet の概要図。順不同な点群を MLP で点ごとに処理し，さらに集約処理することで大域特徴量を得ます。各点の特徴量と大域特徴量を組み合わせることで局所特徴量を得ることも可能です。

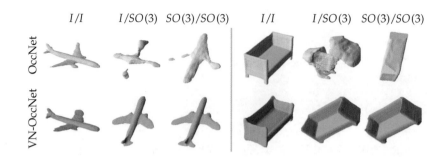

図 4 回転同変な特徴量による 3 次元復元（文献 [53] より画像を引用）。中間表現およびネットワークが回転同変でない場合（OccNet），未知の回転方向のデータが与えられると汎化することができません（$I/SO(3)$ 上段）。回転を学習データに加える拡張を行うことで，一定の汎化性能を引き出せますが，詳細が損なわれており，汎化性能と精度にトレードオフがあることが見て取れます（$SO(3)/SO(3)$ 上段）。回転同変なモデルの場合（VN-OccNet），学習データに回転のバリエーションがなくても未知の回転方向に対して汎化しています。

す。この方法を用いれば，データ拡張に依存せず，入力に回転が加わっても同様の形状に関する潜在変数を学習することができます（図 4）。

3 次元点群をエンコードする他の方法として，いったん点群をボクセル形式に変換するものなどがあります [54, 55, 56]。ボクセルとは 3 次元空間をグリッド上に分割し，その格子上に各グリッド内の情報（色，密度，占有度など）を格納するデータ形式です[9]。ボクセルは画素・ピクセルを 3 次元拡張したものなので，2 次元画像での 2 次元畳み込みネットワークと同様に，3 次元畳み込みネットワーク（3D CNN）をそのまま利用することができます。しかしながら，2 次元畳み込みネットワークより次元が増えるため，実用上扱うことのできる解像度が大きく制限されてしまいます。一方，多くのボクセルは何もない空間や物体内部で占められるため，畳み込み処理の大半は冗長であると考えられます。そこに着目し，物体表面付近のみに畳み込みを集中させる疎な畳み込み（sparse convolution）[58] をボクセルに適用することが提案されています [57, 59]。図 5 に示すように，疎な畳み込みネットワークの登場により，部屋全体などの大規模な空間や高解像度の 3 次元復元が可能になりました。

畳み込みネットワークと PointNet を組み合わせたハイブリッドなエンコーダも提案されています。図 6 に示すように，Convolutional Occupancy Networks [60] では，入力の 3 次元点群をまず PointNet で処理し，点ごとの局所特徴量を得ます。次に，各点の潜在特徴量を x, y, z の各軸に沿った平面上（3 平面; tri-plane）に投影し，2 次元空間において UNet [61] を用いて，最終的な潜在特徴量に変換します。任意の 3 次元点が与えられた際には，各平面に投影された点から特徴量をサンプリングし，これらを束ねたものを 3 次元上の局所特徴量とします。

[9] 具体的には，点群が観測された格子は占有度 1，点群が観測されなかった格子は占有度 0 として占有率（occupancy）に変換したり [54, 55, 56]，法線情報が含まれる点群の場合は符号付き距離（signed distance）に変換したりします [57]。

| 入力信号 | 3×3 の疎な畳み込み
による結果 | さらに 3×3 の疎な
畳み込みを行った結果 |

図 5　疎な畳み込みネットワーク（文献 [58] より画像を和訳して引用）。対象形状から遠く離れた空間での畳み込みは冗長なため，対象形状の付近でのみ畳み込みを行うことで，効率的に 3 次元形状をエンコード・デコードできます。

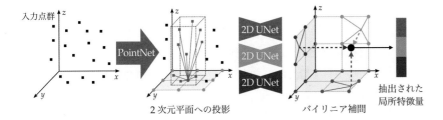

図 6　PointNet と畳み込みのハイブリッドエンコーダ（文献 [60] より画像を改変および和訳して引用）。入力の点群をまず PointNet で処理し，点ごとの局所特徴量を得ます。次に，各点の特徴量を直交する 3 平面に投影し，さらに 2 次元畳み込みネットワーク（UNet）で各面の特徴量を得ます。任意の 3 次元点に対して投影された平面上の点から得られる 2 次元特徴量を連結することで，最終的な潜在特徴量を得ます。

疎な畳み込みネットワークと同様に，計算コストおよびメモリ使用量を削減できるので，大規模な空間の 3 次元復元が可能です。同様に，ボクセルを活用した 3 次元畳み込みネットワークと PointNet を組み合わせた Point-Voxel CNN [62] も提案されています。

3.2　大域特徴量 vs. 局所特徴量

　入力データ以外にエンコーダを分類する方法として，中間特徴量が大域的（global）か局所的（local）かで分けるというものがあります。大域特徴量とは，空間に関する情報が多次元ベクトルで表現されているものを指します。1 つのテンプレートの変形によって形状を表現する顔などの処理では，潜在変数の代わりに主成分分析の係数を用いる場合もあります [63]。このように「1 つのベクトルで空間全体を表現する」というのが大域特徴量表現であるのに対し，特徴ベクトルが部分的な空間を表現するものを局所特徴量と呼びます[10]。

　これらの特徴量表現には一長一短があり，問題設定によって選択を行う必要

10) 次元数で見れば，大域特徴量は $\mathbb{R}^C$，局所特徴量は $\mathbb{R}^{D \times H \times W \times C}$（$C$ は潜在空間の次元，D, H, W は対象の特徴量の奥行き，縦，幅）のように書き表すことができます。

があります。大域特徴量は，

1. カテゴリ間で形状の類似性が高い
2. 限られた部分的な観測から未観測の大部分を復元する必要がある
3. 復元結果に対して潜在空間上で編集を加えたい

といった際に適した表現方法です。一方で，

1. 学習データに対して形状のバリエーションが多い
2. 復元対象が大規模
3. 復元対象が複数カテゴリにまたがっている
4. 局所的な編集を行いたい

といった場合には，局所特徴量を活用することを推奨します。

　局所特徴量は画像空間での対応を利用しますが，問題によっては画像空間での位置に基づいて特徴量を抽出することが最適でない場合があります。たとえば，2次元画像から見えていない部分も含めた3次元形状復元の場合，見えていない部分と強い相関がある画像特徴量は，必ずしもカメラと見えていない部分を結ぶ直線上にあるとは限りません。このような非局所的な特徴量を活用する方法として，Vision Transformer（ViT）[20] を用いた特徴量抽出が近年提案されています [21]。

3.3　エンコーダにおける今後の課題

　筆者の私見ですが，エンコーダにおける今後の課題は大きく2つあります。1つは解像度の問題です。現実と区別がつかないような高精度の3次元復元には，ミリ単位での精度が要求されます。このような精度の3次元復元を実現するには，計算コストを押さえながら高い表現能力をもつエンコーダが重要になります。もう1つは，動いている物体を含む動画からの3次元復元です。人間や動物などが入力に含まれている場合，時間軸方向に一貫性のある3次元復元が求められるだけではなく，時間方向の情報を効率的に統合する必要があります。しかしながら，ネットワークによる推論に十分なだけの学習データを確保するのが難しいこともあり，あまり研究がなされていないのが現状です。

　上記の2点の問題を解決する方法として，「入力データ（画像群，動画，点群）からデコーダのみを学習し，入力データに対応する3次元復元を過学習によって行う」というアプローチが現状有望です（図7）。未知のデータへの汎化をいっさい考えず，1つのインスタンスに特化した復元を行います。時間軸方向の変化や細部の形状をエンコーダを通じて学習する代わりに，直接デコーダのパラメータを学習するので，時間方向への一貫性や詳細の保持を実現できま

複数視点方向からの撮影　　　新規視点画像の生成結果　　　推定された
　　　　　　　　　　　　　　　　　　　　　　　　　　　　深度マップ

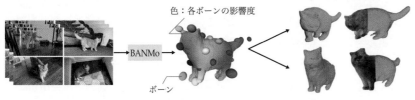

スマホで撮影された動画群　　　推定された正準空間　　　推定された見た目・形状

> 図 7　エンコーダをもたない過学習による 3 次元復元（文献 [64, 65] より画像
> を和訳して引用）。高解像の動画像から 3 次元形状を推定する際に，別シーンへ
> の汎化を考慮せずシーンに特化したネットワークを学習する方法が提案されて
> います。これにより，スマホによる自撮りからの 3 次元復元や（上段），スマホ
> で撮影された動画群からのアニメーション可能な動物の 3 次元復元（下段）が
> 可能になりました。

す[11])。同様の考え方で，動画を入力にした動的な物体の 3 次元復元も数多く研究されています [64, 66, 67, 65]。計算時間が推論ベースの手法と比べて長くなることや，カテゴリ内の事前知識の活用が難しいことが，入力特化の過学習アプローチの今後の課題です。

[11] 別シーンへの汎化を考慮しない詳細なニューラル 3 次元復元方法として有名なものとして，NeRF [6] が挙げられます。

4　デコーダ

　本節では，デコーダの種類について解説します。エンコーダが入力データの種類によって異なったように，デコーダも出力データ表現によって適したネットワークアーキテクチャが異なります。3 次元の出力データ表現には，ボクセル，深度マップ，点群，メッシュ，ニューラル場などがあり，それぞれに得意なタスクや苦手な処理が存在します。そこで，各出力データ表現に対応するデコーダの種類に加え，各データ表現の特性を踏まえたデコーダの選び方についても解説します。

4.1　ボクセル

　ボクセルは，画像における画素（ピクセル）を 3 次元に拡張したデータ形式で，3 次元の格子上にデータを格納します。3 次元の表現として古くからコンピュー

タグラフィックスやコンピュータビジョンの領域で使われてきました [68]。3 次元復元の場合には，各ボクセルに占有率（occupancy）（物体の内側なら 1，外側なら 0），不透明密度（opacity/density），符号付き距離関数（signed distance function; SDF）などが離散化されて格納されます。データ構造が規則的であり，畳み込み処理やダウンサンプリング，アップサンプリングを画像と同様に行えるため，3 次元畳み込みネットワークをそのまま適用することができます（図 8）。2 次元畳み込みネットワークと比べてメモリの使用量が格段に大きくなるので，デコーダのアーキテクチャとしては単純なアップサンプリングと畳み込みを組み合わせたものが多く用いられています。

初期の研究では，大域特徴ベクトルからボクセルを直接デコードする手法が複数提案されています [54, 55, 69]。そのほかに，2 次元の畳み込み特徴量の特徴量次元を奥行き方向と見なし，画像空間と対応した 3 次元ボクセルを得る手法も提案されています [18, 70]。2 次元の画像と異なり，3 次元形状は物体の外側と内側の境界面以外の空間は形状に関する情報をもたず，境界面だけが必要とされます。そこで，八分木構造をもつ階層的なボクセルをデータ表現としてデコードする手法 [71, 72]（図 9）や，エンコーダでも使われている疎な畳み込みネットワーク [58] をデコーダとして使う方法 [57] が提案されています。これらの方法では，表面に近い部分に集中的に計算を割り当てることができるた

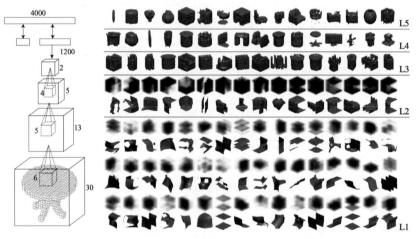

ネットワーク　　　　　　　　　　　　中間層のフィルタの可視化
アーキテクチャ

図 8　ボクセルによる 3 次元復元（文献 [55] より画像を和訳して引用）。ボクセルベースの手法の場合，3 次元畳み込みネットワークを用います（左図）。2 次元畳み込みネットワークと同様に，中間レイヤーの特徴量を可視化すると，深いレイヤーほど複雑な形状変化を学習していることが見て取れます（右図）。

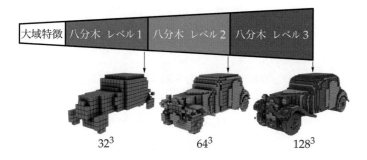

32³ 64³ 128³

図 9 八分木構造によるボクセル 3 次元復元の高解像度化（文献 [72] より画像を和訳して引用）。大域特徴より八分木の粗い部分から階層的に形状推定を行うことで，詳細な 3 次元復元を可能にします。

め，従来よりも高解像な 3 次元復元が可能になります。また，後ほど紹介するニューラル場とボクセルのハイブリッドな手法として，ShapeFormer [73] やHybridNeRF [74] があります。これらの手法は，効率的な畳み込みが可能なボクセルで全体形状の整合性を担保しながら，ボクセルの低解像を補うようにボクセル内部をニューラル場で詳細に表現する方法をとっています。

規則的なデータ構造になっているため，実装が簡単なことや，データを直感的に理解しやすい[12] という長所がある一方，解像度の制限があり，細かい形状の復元にはあまり適していないという問題があります。また，ボクセルはデータ量が大きいため，データの保存方法としてもあまり好ましくありません。そのため，大規模なデータセットを作って学習を行う際は，ゲームなどで広く普及しているメッシュ形式の 3 次元モデルを，Binvox [76] などのツールを使ってボクセルデータに変換することをお勧めします。

12) 可視化のツールとして，Open3D [75] などがあります。

4.2 深度マップ

深度マップも幅広く使われている 3 次元表現です。深度マップでは，2 次元画像上の深度，奥行きを 1 次元のスカラー量として画素ごとに格納します。そのため，2.5 次元表現と呼ぶほうが正確かもしれません。ステレオベースの手法の場合，深度の逆数をとった視差マップ（disparity map）が深度マップの代わりに用いられます。データを 2 次元の行列として表現できるので，画像と同様に 2 次元畳み込みネットワークをそのまま転用できることが大きな特徴です。この表現は，画像を入力とする問題で，主に画像上の各画素に対応する点の深度を推定する際によく使われます。数多くの研究がなされていますが [77, 78, 79, 80]，初めて深度マップの推定を始める方は，大規模データで学習した MIDAS [81] などの最新手法を利用することをお勧めします。ほかにも，MIDAS を複数解

13) 著者らによる実装が [83] に
あります。

像度で適用し，全体の整合性を保ちながら高解像度の深度マップを推定する方
法 [82] [13) は頑健性も精度も高く，写真全体を立体化したい場合などには試す価
値があります（図 10）。

　3 節で解説した多視点画像を入力する多視点ステレオ問題でも，立体的特徴量
から最終的に深度マップに変換するというプロセスをとります [38, 37, 39, 40]。
多視点ステレオに関する最近の研究で，1 つ興味深かった論文を紹介します。
DiffuStereo [84] は，ステレオ問題を回帰問題として解く代わりに，粗い視差
マップに対して拡散確率モデル [2] を適用して高解像度化することを提案して
います。概要を図 11 に示します。より低解像（512×512）の視差推定と局所

図 10　高解像画像からの深度マップ推定（文献 [82] より画像を引用）。深度マッ
プは画素単位での推定になるので，可視部分の形状推定に適しています。また，
カテゴリに依存せずシーン全体の奥行きを推定できることが大きな強みです。

視差マップの拡散過程 $q(y_t|y_{t-1})$

ステレオ情報に条件付けされた逆拡散過程 $p_\theta(y_{t-1}|y_t, s_t^m)$

図 11　拡散確率モデルのステレオ視差推定への応用（文献 [84] より画像を和
訳して引用）。2 枚画像からの視差（深度の逆数）推定を，ノイズが混じった粗
い推定から高解像視差マップへのデノイズ問題として解くことにより，頑健性
と高精度を同時に実現することに成功しています。

的なパッチごとの拡散確率モデルによる精細な視差推定に問題を分解することにより[14]，4K という驚異的な高解像での視差推定を実現しています。

このように，画像研究での最新手法（拡散確率モデルなど）を比較的容易に適用できることが，深度マップを用いる最大のメリットです。ただし，深度マップは視点の位置から見えている部分しか推定できないので，家具や人間など見えているものだけではなく，全体の形状を推定したいタスクには適していません。この問題を解消するため，見えている部分とその裏側の深度の 2 つの値を同時に推定する手法 [86, 87, 88, 23] や，推定した深度マップからさらに全体形状のボクセルを推定する手法 [89, 90] が提案されています。

まとめると，

- 入力が画像である
- 見えている部分の位置・形状のみに興味がある（画像にない部分は必要ない）
- 詳細よりもざっくりとした位置関係が重要

といった際には，深度マップが出力表現として適しているといえます。

[14] 低解像と高解像の 3 次元復元に問題を分解し，高解像モデルによる局所推定の際に低解像モデルの中間特徴量を入力に渡す方法は，PIFuHD [85] で提案されています。

4.3 点群

3 節で解説したように，点群は 3 次元形状を順不同な点の集合体と見なすデータ表現ですが，入力だけではなく出力表現としても用いられます。点群は表面の情報や点と点の接続情報を明示的にもたないので，整った 3 次元形状を復元することは得意ではありません。一方，柔軟性が高く，さまざまな形状を 1 つの点群から表現することができます。図 12 に示すように，Fan らの研究 [91] に代表される初期の研究では，あらかじめ決まった数の点群を全結合層によって同時に出力していました [91, 92]。しかし，対象物体の複雑さにかかわらず一定の点群しか生成できず，また，学習時に全点群を同時に出力しなければならないので解像度（点の数）が制限されるという欠点がありました。

これに対し，PointFlow [93] では，点群の生成プロセスを連続正規化流（continuous normalizing flow）と見なすことで，任意の数の点群を生成できるようになりました。生成プロセスを図 13 に示します。理論的な説明は論文に譲り，以下では直感的なレベルで説明します。まず，各点の位置が標準正規分布に従う点群の集合を考えます。この標準正規分布を特定の 3 次元形状に似せた確率分布に変換する逆変換可能な関数 f が求まれば，正規分布から以下の式のように特定の 3 次元形状を復元する点群 $\{p\}$ が得られます。

$$p = f(q), \quad p, q \in \mathbb{R}^3, \, q \sim \mathcal{N}(0, I)$$

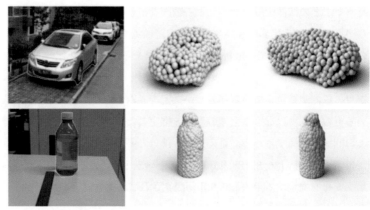

入力画像   推定された点群形状

図 12　単眼画像からの点群推定（文献 [91] より画像を引用）。点群を出力デー
　　　タ表現として用いることで，さまざまな形状を 1 つのモデルから復元すること
　　　ができます。一方，表面を点の集合として表現するため，きれいな面を表現す
　　　ることが難しく，高精度な 3 次元復元には適していません。

図 13　連続正規化流による点群生成（文献 [93] より画像を引用）。最左図の標
　　　準正規分布からサンプリングして得られる任意の点群から，右のようなさまざ
　　　まな形状を復元する変換を学習します。連続確率分布の変換を考えるので，従
　　　来のように固定数の点群を全結合層によって出力するのではなく，任意の点数
　　　で形状の推論を行えます。

関数 f は逆変換可能なので，f^{-1} が存在します。f^{-1} は，特定の 3 次元形状を模
した点群の集合を標準正規分布のノイズ群に戻す変換を意味します。学習時に
は，特定の 3 次元形状を模した点群に対し，f^{-1} を使って得られた点群が標準正
規分布になるような損失関数をとります。推論時には，任意の数の点を標準正
規分布から取り出し，正変換の f をかけることで 3 次元形状を表現します。具
体的な実装としては，f として微分可能な常微分方程式ソルバー（neural ODE
solver) [94] を用います[15]。PointFlow の発展形として，対象形状の点群分布を
表現するのに，正則化された確率分布ではなく，正則化されていない確率密度
を使う方法も提案されています [96]。

[15] PyTorch 上での安定な実装
が [95] にあります。MIT ライ
センスで商用利用も可能です。

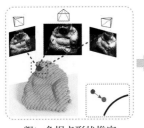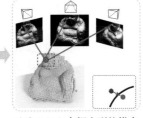

| 粗い多視点形状推定 | 改良された多視点形状推定 | 最終的な復元形状 |

図 14　点群を出力データ表現として用いた多視点ステレオ（文献 [97] より画像を和訳して引用）。複数視点から得られる画像局所特徴量に基づき，詳細な点群の位置を推定します。

ほかにも点群が形状表現として利用されるケースとして，多視点ステレオがあります。従来の学習ベースの多視点ステレオは，前項で解説したように，複数視点からの深度マップとして表現するのが一般的でした。しかし，中間の立体表現として離散化されたボクセルを使うため，精度や解像度が制限されるといった問題がありました。これに対し，Point-based MVS [97] は，多視点ステレオを点群の位置推定問題と見なし，各点がどの方向にどれだけ動けばよいかを推定する手法を提案しました。概要を図 14 に示します。全体を同時に計算する必要がある深度マップと比べると，点群は各点で独立した計算が可能なので，解像度や精度における問題を改善することに成功しています。同様に，ニューラル場（NeRF）に対して点群表現を拡張したハイブリッド表現によって高速化を図った Point-NeRF [98] も提案されています。

応用先にもよりますが，最終的に得られる点群は，法線情報のない点群の場合は Ball Pivoting [99]，法線情報がある点群の場合は Screened Poisson Reconstruction [100] などの手法を使うと[16]，より汎用性の高いメッシュに変換されます。

[16] これらのアルゴリズムは，オープンソースソフトウェアの MeshLab [101] に実装されています。

4.4　メッシュ

メッシュはゲームや 3 次元モデリングで最も幅広く使われている 3 次元表現です。頂点・辺・面からなるデータ構造をとり，面は三角形もしくは四角形が使われます[17]。点群やボクセルと比べて，平面などを小さい自由度で効率的に表現することが可能です。また，各面を 2 次元空間（UV 空間）にマッピングする手法により，各面の内部における詳細なテクスチャや形状を効率的に表現することができます。

3 次元復元におけるメッシュの特徴は，大きく 2 つあります。1 つは，表面を明確に表現できることから，家具などの人工物の形状に強いということです。

[17] 四角メッシュは，3 次元モデリングなどでよく使われますが，コンピュータビジョンでは主に三角メッシュが使われるため，以下では三角メッシュをメッシュと呼びます。

また，面と面の接続関係が保持されるので，インスタンス間の対応関係が明確に定義されます。特に，2つ目のポイントは顔や人体のモデリングにおいてとても重要で，3次元モーファブルモデル（3D morphable model; 3DMM）[10] や人体モデルの SMPL [102] のような対応関係がとれたメッシュ群に対し[18]，主成分分析（principal component analysis; PCA）を行って低次元の線形なパラメトリックモデルを構築する際に有効です。このように，あらかじめ対象カテゴリのパラメトリックモデルが計算されている場合は，対応するパラメータ（例：PCA 係数，潜在変数）を回帰するだけで3次元復元が行えます[19]。代表的な研究として，顔の場合は MoFA [63] や Tuan らの手法 [103]，全身の場合は HMR [15]（図 15）や SPIN [104] があります。この PCA 係数を固有ベクトルに掛けて形状を復元するプロセスは，1層の全結合層と見なせます。数式として表現すると，以下のようになります。

$$P = f(z) = W \cdot z + b, \quad P \in \mathbb{R}^{3N}, \ W \in \mathbb{R}^{3N \times Z}, \ b \in \mathbb{R}^{3N}, \ z \in \mathbb{R}^{Z} \quad (1)$$

P は出力された頂点座標の集合，W は PCA の固有ベクトル，b は平均の頂点座標（バイアス），z は PCA 係数を表します。PCA のように解析的に得られる1層の全結合層の代わりに，非線形モデルを学習させることにより表現能力を改善した手法も提案されており，非線形モデルには多層パーセプトロン [105, 106]，グラフ畳み込みニューラルネットワーク [107, 108]，UV 空間を利用した2次元畳み込みネットワーク [109] が利用されます。

では，家具や車などのように，カテゴリ内の形状バリエーションが大きく，

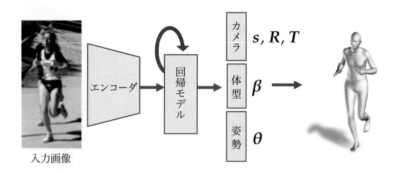

図 15　単眼画像からの人体メッシュ推定（文献 [15] より画像を改変および和訳して引用）。SMPL [102] のようなメッシュベースのテンプレートが使える場合は，画像の大域特徴量から直接テンプレートをコントロールするパラメータ群（カメラ情報，体型，姿勢）を推定することができます。本稿のフレームワークに照らし合わせると，パラメータ群を推定するプロセスがエンコーダ，パラメータ群からテンプレートによって3次元メッシュを生成するプロセスがデコーダになります。

1 つのテンプレートを手作業で定義することが難しい場合はどうしたらいいでしょうか。Pixel2Mesh [110] は，大まかな形状から段階的にメッシュの再分割とグラフ畳み込みニューラルネットワークによる変形を繰り返すことで，さまざまな目的形状をメッシュで表現することを可能にしました。概要を図 16 に示します。ただし，この手法には，メッシュを出力する際に，表面の滑らかさを担保するための正則化項がないと，三角形が反転したり，交差した結果が出力されてしまったりする問題があります（5.3 項を参照）。

これに対し，AtlasNet [50] と FoldingNet [111] では，表面を三角形の集合体として明示的に定義する代わりに，2 次元平面上のパッチから 3 次元空間への変形を多層パーセプトロンで学習することを提案しています[20]。式で表現すると，以下のようになります。

$$p = f(q), \quad p \in \mathbb{R}^3, q \in \mathbb{R}^2 \tag{2}$$

ここで，f は多層パーセプトロン，q は単位正方形 $[0,1]^2$ 上の任意の点を表します。概要を図 17 に示します。式 (2) を式 (1) と見比べると，従来手法が全頂点

[20] AtlasNet と FoldingNet は，以下で説明するとおり，点群やニューラル場としての特性を持ち合わせています。ただ，最終的にはメッシュとして表現されるため，本稿ではメッシュの項目で解説しています。

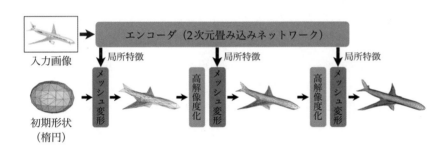

図 16　単眼画像からの 3 次元メッシュ復元（文献 [110] より画像を改変および和訳して引用）。Pixel2Mesh [110] では，初期形状（楕円メッシュ）から対象形状への変形を入力の画像局所特徴量に基づき推定します。メッシュが交差するなどの破綻を防ぐために，逐次的に高解像度化を繰り返すことを提案しています。

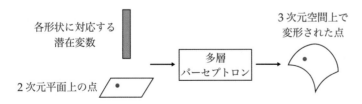

図 17　AtlasNet の概要図（文献 [50] より画像を和訳して引用）。AtlasNet では，メッシュの全頂点を全結合層で一度に出力する代わりに，2 次元平面上のパッチの各点を入力に，対象形状の潜在変数に条件付けられた変形後の 3 次元位置を出力する MLP を学習します。

の位置を同時に出力するものだったの対し，式 (2) では面の変形を入力点の変位として表現していることがわかります。このように点ごとの変形を多層パーセプトロンで表現することのメリットは，大きく 3 つあります。1 つは，学習時には点群と同様に部分サンプリングした点で効率的に学習し，推論時には面の接続情報を使って密なメッシュを出力することができる点です。また，多層パーセプトロンは低周波成分にバイアスがかかった出力をすることが知られており [112] [21]，正則化項を使って滑らかさを担保しなくても滑らかな形状が得られます。さらに，各点の変形 f は微分可能なため，高次の幾何特徴である法線や曲率を解析的に計算できます。メッシュ上で離散的な近似をすることなく，損失関数を通じて高次の幾何特徴制約を直接形状に反映させることができます [114]。

メッシュをベースにしたデコーダの欠点は，トポロジーの変化に対応できないことです。これは，面と面の接続関係を微分可能な作用として，面の接続を切り離すことが困難であることに起因します。この問題に対応するため，Topology Modification Networks [115] では，メッシュの復元を段階的に行い，各ステップで誤差の大きい部分の接続を切り離す方法を提案しています（図 18）。そのほかに，メッシュの各面の生成プロセスを自己回帰モデルとして表現した PolyGen [116] も，さまざまなトポロジーのメッシュ生成を可能にしています。これらの手法は，研究としては非常に興味深い一方で，まだ実用に耐えうるとは言い難いため，トポロジーの変化が大きい対象物体の場合は，無理にメッシュを使おうとせず，ニューラル場など別のデータ表現およびデコーダを使うことを推奨します。

[21] 一方，多層パーセプトロンで高周波成分を学習するためにフーリエ特徴量に変換する方法 [112] や正弦波 (sine wave) を活性化関数に用いる手法 [113] が提案されています。

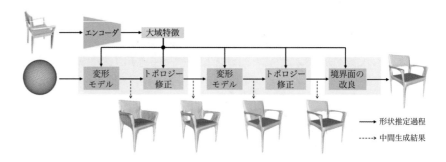

図 18　Topology Modification Networks の概要図（文献 [115] より画像を和訳して引用）。この手法は，球体メッシュから対象形状への変形を学習することを提案しています。Pixel2Mesh [110] と異なり，トポロジーの変化による誤差形状が大きくなる部分（図中では手すり下の空洞部分）を切断することで，メッシュによるさまざまなトポロジーの 3 次元形状の復元を可能にします。

　ニューラル場（Neural Fields）[117] は，2019 年の CVPR で発表された Oc-
cupancy Networks [118]，IMNet [14]，DeepSDF [119] を皮切りに，ここ数年
で一気に盛り上がってきたデータ表現です。3 次元空間の情報（占有率，密度，
符号付き距離関数，色など）を，空間座標を入力にした関数の出力として表現
します。式にすると，以下のようになります。

$$v = f(p), \quad p \in \mathbb{R}^3, v \in \mathbb{R}^C \tag{3}$$

出力 v の次元 C は，占有率や符号付き距離関数であれば 1，色であれば 3 にな
ります。このような変換を可能にする関数 f は当然非線形なので，一般的に多
層パーセプトロンを用います。さらに，複数の形状を 1 つのネットワークで表
現する場合には，各形状の特徴量 z に条件付けされた関数 f を以下のように学
習していきます。

$$v = f(p, z), \quad p \in \mathbb{R}^3, v \in \mathbb{R}^C, z \in \mathbb{Z} \tag{4}$$

ボクセルとは異なり，空間を離散化せずに連続な空間と見なすため，任意の解
像度で 3 次元形状を表現できることが大きな特徴です。他のデータ表現との比
較を図 19 に示します。

　特徴量 z を多層パーセプトロンに条件付けする方法は，大きく 3 つあります。
他の入力データ（例：3 次元座標 p）と連結して 1 つの入力ベクトルとして与え
る方法（concatenation）[118, 14, 119, 19]，特徴量 z を入力にとるハイパーネッ

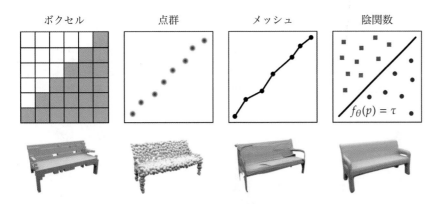

図 19　出力データ表現ごとの形状復元精度の違い（文献 [118] より画像を和訳
して引用）。ニューラル場，特に陰関数を用いた 3 次元形状表現は，トポロジー
の変化に頑健なほか，高解像度での 3 次元復元を可能としました。他のデコー
ダと異なり，ニューラル場では任意の 3 次元点を入力とし，その点の形状情報
（占有率，符号付き距離関数，不透明度など）を多層パーセプトロンによって出
力します。

トワークによってデコーダネットワーク f のパラメータそのものを更新する方法 [120, 121]，そして注意機構（attention）によって特徴量（主に空間方向の次元をもつ局所特徴量）をデコードする方法 [122] です。Rebain らの論文 [123] において，注意機構を用いた手法がすべてのベンチマークで最も高い汎化性能を示したという実験結果も報告されています。

　それでは，3 次元復元で用いられる主なニューラル場について解説していきます。明確な表面をもった形状を出力する際には，占有率 [118, 14] や符号付き距離関数 [119] を用います。ニューラル場によって表現される占有率や符号付き距離関数は陰関数の一種と見なすことができ，境界面（占有率の場合は 0.5，符号付き距離関数の場合は 0）を 3 次元形状の表面として表現できます。そのため，トポロジーの変化にも強く，詳細な形状を再現することが可能です。推定結果は，マーチングキューブ法 [124] を使うことで，メッシュに変換できます。一方で，紙や布のような開曲面を表現することは困難です。この問題を解消するため，符号なし距離関数（unsigned distance function; UDF）[22] をニューラル場として表現する手法 [125] や，符号付き距離関数と同時に零空間かどうかのラベル（0 ならば零空間，1 ならば通常の符号付き距離関数）をニューラル場として出力する手法 [126] が提案されています。

　PIFu [19] や Texture Fields [127] は，形状だけではなく，3 次元形状の色・テクスチャをニューラル場によって復元することを提案しています（図 20）。ほかにも，NeRF [6] に代表されるような，不透明度をニューラル場として表現する方法があります。陰関数と異なり，不透明度の場合は明確な表面が定義されず，メッシュへの変換が自明ではないことに注意してください。一方で，微分可能レンダリングと組み合わせた際には，勾配が表面だけではなく全体に伝播するので，前景と背景の領域分割を必要としないという利点があります。そこで，不透明度を SDF から得られる閉形式（closed-form）で定義することで，両者の長所を取り入れる方法も提案されています [128, 129, 130, 131]。

22) 符号なし距離関数は，任意の 3 次元上の点から物体表面までの距離を返す関数です。符号付き距離関数と異なり，物体の内外にかかわらず非負の距離のみを考慮するので，紙や布のような厚みのない物体を表現することができます。

図 20　PIFu による色の復元。ニューラル場では，形状だけでなく見えていない部分の色を推定することも可能です（文献 [19] より画像を引用）。

ニューラル場による3次元復元の課題も，いくつか挙げておきます。1つ目は，メッシュや点群とは異なり，物体ごとの対応関係が明確に定まらないことです。たとえば陰関数の場合，3次元上の点が形状の外側か内側かという情報しか出力しないため，生成される形状間で見た目や意味情報を共有することが困難です。これに対し，図21に示すDeep Implicit Templatesのように共通のテンプレートのニューラル場とそれを変形させるニューラル場を同時に学習する方法 [132, 133, 134]，メッシュベースのAtlasNet [50] とニューラル場の学習を同時に行う手法 [135]，そして3次元形状の表面ごとの特徴量をニューラル場として推定し，密な対応関係を学習する方法 [136] が提案されています。

　もう1つの課題は，形状復元に多くの時間を要することです。ネットワークの出力として表面座標を直接出力できるメッシュや点群，深度マップと異なり，ニューラル場では3次元空間の点ごとにネットワークの推論を行う必要があります。Occupancy Networks [118] は階層的に表面を探索することで計算時間を短縮することを提案しましたが，閾値がハイパーパラメータとして必要であり，物体の形状によっては一部が欠落してしまう問題がありました。これに対し，Monoport [137] では，閾値を必要としないアルゴリズムを提案し，計算速度と復元精度のトレードオフのバランスを改善しました。さらに，Sharp と Jacobson [138] は，レンジ解析と呼ばれる方法で，計算コストを抑えながら理論的に保証された3次元形状範囲の下限値を絞り込むことを提案しています。そのほかに，ボクセル [74, 139] や八分木 [140] などで特徴量を局所化した後に，多層パーセプトロンによってニューラル場を出力するハイブリッドな手法も高速化を実現しています。しかし，上記の手法はカテゴリ間の汎化を考慮しないインスタンス特化の場合にのみ有効なため，エンコーダ込みでのハイブリッド表現による高速化は，今後の課題となりそうです[23]。

23) より詳しい最新のニューラル場に関する日本語の解説 [8] があるので，そちらも確認すると，より理解が深まると思います。

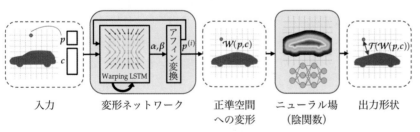

入力　　　　変形ネットワーク　　　正準空間　　　ニューラル場　　　出力形状
　　　　　　　　　　　　　　　　　への変形　　　　（陰関数）

図21　Deep Implicit Templates の概要図（文献 [134] より画像を和訳して引用）。ニューラル場で形状間の対応関係を保持するため，ニューラル場によるテンプレートの生成モデルと変形モデルを同時に学習することを提案しています。

4.6 デコーダの選び方

各出力データ表現と，それに対応するデコーダについて解説してきました。ここからは，2022 年現在で発表されている研究をベースに，いくつかのケースに対してどのデータ表現・デコーダを使うべきか，私見を述べていきます。

実時間で復元を行いたい

実時間で復元を行いたいケースとして，その場でのフィードバックが好ましいインタラクティブシステム（例：スケッチからの 3 次元復元）や，リアルタイム動画のストリーミングをその場で 3 次元化する自由視点視聴，ロボティクス向けの逐次的な 3 次元復元などがあります。そのほかに，サーバー側で大量のリクエストを処理しなければならない場合も，計算コストが低いに越したことはありません。このように処理コストに制約がある場合は，点群やメッシュなど，形状を直接出力する軽量なモデルを用い，既存のグラフィックスエンジンと親和性の高いデータ表現を検討するのがよいでしょう。特に形状そのものではなく，自由視点でのレンダリングに最終的な主眼が置かれたアプリケーションの場合は，生成されたメッシュや点群に対し，画像空間でのニューラルレンダリング [141, 142] によって画像の高精度化や写実性の向上を実現できるので，あわせて検討するとよいでしょう。まだ研究段階ですが，ニューラル場の復元を高速化する研究 [137, 140, 143] や，メッシュとニューラル場のハイブリッドモデル [144] も出てきているので，高い品質が要求される場合は検討してもよいでしょう。

復元したいカテゴリが明確に決まっている

4.4 項で述べたように，顔や手といった人体の一部など大きな需要があるカテゴリは，高精度なパラメトリックモデルがすでに提供されている場合があります[24]。そのような場合は，既存のモデルをベースにした手法をまず検討することを推奨します。これらのメッシュベースのモデルは軽量で，かつゲームやグラフィックスエンジンとの親和性も高いので，応用も比較的簡単です。一方，単一メッシュでのカテゴリ間の形状表現が難しいもの（例：衣服，家具，植物など）は，ニューラル場もしくは点群など，トポロジー変化に柔軟なデータ表現・デコーダを使用することをお勧めします。特に，生成結果の品質が重要な場合は，ニューラル場が現状では最も有望です。

背景も含む画像全体を立体化したい

特定のカテゴリではなく画像全体を立体化したい場合は，入力画像の枚数によって選択肢が変わってきます。単眼画像を入力としたい場合は，現状は深度

[24] 顔モデルであれば Basel Face Model [145], FLAME [146], 全身モデルであれば SMPL [102], 手であれば MANO [147] が有名です。非営利の研究目的であれば無償で使えますし，商用利用の場合のライセンスもあります。

マップの一択です。その大きな理由は，深度マップベースの手法は，ゲームなど
で得られる大規模データセットからの転移学習など，2次元畳み込みネットワー
クの技術をそのまま応用できることから，技術が最も発展しているためです。
自由視点生成のための3次元復元の場合は，画像空間の内部補完（inpainting）
の手法と組み合わせることがよくあります [148, 149, 150]。ただし，現状の深度
マップの推定精度は粗く，入力視点から大きく離れると，高い確率で形状の破
綻が生じます。見えない部分も含めた一貫性の高い3次元復元が可能なニュー
ラル場が，今後躍進する可能性も大いにあります。

　単眼画像ではなく，複数視点の画像が与えられているときは，いくつかの選
択肢があります。視点方向の密度が高い場合には，ニューラル場 [45, 40]，深度
マップ [38, 37, 39, 40] や点群ベース [97] の多視点ステレオ手法によって3次元
形状を復元することもできますし，自由視点生成が目的の場合は，3.3項で解説
したようなインスタンス特化のニューラル場をデコーダとして用いることも可
能です [6, 151, 143]。与えられる視点の数が疎な場合は，現状ニューラル場を
用いた手法が最も実装が容易であり，主流となっています [19, 152, 46]。

5　損失関数

　出力データ表現およびデコーダが決まったら，実際にネットワークの学習を
行います。その際にデザインしなければならないのが損失関数です。本節では，
3次元復元のタスクに用いられるさまざまな損失関数について解説します。

5.1　3次元再構成損失

　正解値としての3次元データが与えられている場合は，再構成誤差を損失関
数として直接3次元形状を学習できます。ボクセルやニューラル場によって符
号付き距離関数を計算する場合は L1 誤差 [57, 119][25]，占有率を計算する場合
は平均2乗誤差（mean squared error; MSE）[19] またはバイナリクロスエント
ロピー（binary cross entropy; BCE）[18, 85] が主に使われています。

　点群やメッシュの場合も，対応関係がわかっているときは，MSE などの再構
成誤差が使えます。一方，形状間の関係やネットワークの推定結果と正解形状
の一対一の対応関係が定まっていない場合は，以下のような双方向チャンファー
距離（Bi-Directional Chamfer Distance）を用いるのが一般的です [50, 91]。

$$\sum_{\mathbf{p}\in\mathcal{A}}\sum_{i=1}^{N}\min_{\mathbf{q}\in\mathcal{S}}|\mathbf{p}_i-\mathbf{q}|^2 + \sum_{\mathbf{q}\in\mathcal{S}}\sum_{i=1}^{M}\min_{\mathbf{p}\in\mathcal{A}}|\mathbf{p}-\mathbf{q}_i|^2 \tag{5}$$

ここで，$\mathbf{p}$ は推定結果の全体形状 $\mathcal{A}$ からサンプリングした点，$\mathbf{q}$ は正解形状
$\mathcal{S}$ からサンプリングした点です。他の似たような定式化として Earth Mover's

25) なぜ符号付き距離関数では
L1 がよく使われるのかという
と，3次元形状表現で必要にな
るのは値の符号が反転する 0
付近の精度であり，表面から
離れた点の誤差を許容できる
損失関数が好ましいためです。

Distance を使う場合 [91] もありますが，PyTorch3d [153] など高速な実装があるため，双方向チャンファー距離をまず使ってみるのが無難です。また，3 次元形状の位置座標の誤差だけではなく，高次の幾何学的特徴量（法線 [110]，曲率 [114]）の再構成誤差をとることで，さらに詳細な形状を復元する手法も提案されています。

5.2 逆レンダリング

2 次元画像における深層学習のタスクでは，上記のように再構成損失関数を定義するだけで学習が完結することも多々あります。しかしながら，3 次元の正解データを大量に用意することは，多くの場合困難です。そこで，3 次元形状の射影である 2 次元画像群を教師データとし，逆レンダリング問題を解くことで 3 次元形状を得る方法が数多く提案されています[26]。対象オブジェクトのシルエットが複数視点から与えられている場合，推定された形状からシルエットを微分可能な操作として描画し，3 次元復元の学習を行う方法が，それぞれのデータ表現で提案されています（点群 [92, 154, 155]，メッシュ [156, 157, 158]，ボクセル [159]，ニューラル場・陰関数 [160]）。各データ表現に対するシルエットによる微分可能レンダリングの手法の概要を図 22 に示します。ほかにも，法線の情報を取り入れることで，照明や反射などのフォトメトリックな情報を形

[26] より詳しい日本語での解説が [9] にあるので，技術の詳細についてはそちらも確認してください。

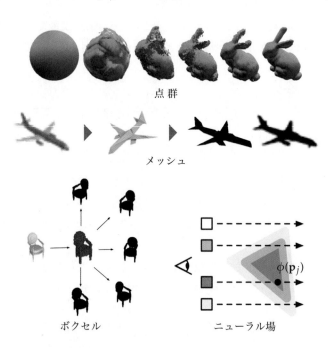

点 群

メッシュ

ボクセル　　　　　　　　ニューラル場

図 22　出力データ表現ごとの微分可能レンダリングによる自己教師あり学習
（順に文献 [154], [156], [159], [160] より画像を改変して引用）

状復元に反映される方法が提案されています [161, 155]。

Scene Representation Networks [120] によるニューラル場による形状および見た目の同時学習を皮切りに，DVR [162] や IDR [163] などがより高精度な陰関数による 3 次元復元を実現しました。ほかにも，放射輝度（radiance）と呼ばれる視線方向依存の輝度情報と不透明度をネットワークから出力し，微分可能レンダリングによって正解画像群と比較することで，3 次元形状および見た目の学習を可能にする方法が，Neural Volume [164] というボクセルベースの手法で提案されました。その後，NeRF [6] が Neural Volume の手法を多層パーセプトロンを用いたニューラル場として実現し，その高い精度とシンプルな実装で多くの注目を集めました。

5.3 正則化項

逆レンダリング損失を用いて画像群から 3 次元形状を学習する場合，意図しない破損した形状を生成してしまう問題があります。そこで，何らかの正則化を復元結果に加えて学習を安定させることがよく行われます。正則化の方法，種類は，デコーダおよび出力データ表現によって変わってくるので，データ表現ごとに一般的に用いられている正則化関数を解説します。

接続関係を保持したまま形状を表現するメッシュ形式の場合，三角形が反転したり交差する問題が発生します。そのため，3 次元形状を滑らかに保つための正則化項を導入します。最も多く用いられているのは，メッシュラプラシアンを用いた正則化項です [110, 165]。ただし，ラプラシアンなどの滑らかさを促進する正則化項は正解形状の凹凸にかかわらず平滑化してしまうので，詳細が損なわれるという問題がありました。

これに対し，Nicolet ら [166] は，正則化項としてメッシュを平滑化する代わりに損失関数から得られた"勾配"を平滑化するという手法を提案しました。この手法の場合，確率的勾配降下法（SGD や Adam など）で得られる更新そのものが平滑化されるので，メッシュ形状を破綻させることなく，詳細な正解形状を損なわずに 3 次元形状を最適化・学習できます。損失関数にラプラシアンを組み込んだ従来の場合との比較を図 23 に示します。読者でメッシュベースのニューラル 3 次元復元を検討されている方は，こちらから試すとよいかと思います[27]。同様に，最適化アルゴリズム（optimizer）に手を加えることで正則化する手法として VectorAdam [168] があります。そのほかに，顔や鳥などの形状を求める際に，左右対称性を正則化項として導入して学習を安定させる手法もあります [161, 165]。AtlasNet のようなメッシュの変形を学習する手法では，変形の歪みを抑えて整合性（conformity）を高めるための正則化項も用いられています [114]。

[27] 著者らによる実装が [167] にあります。

■ 自己交差メッシュ

 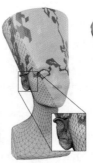  

(a) 初期形状　　(b) 正則化なし　(c) ラプラシアン　(d) 勾配の平滑化　(e) 対象形状
　　　　　　　　　　　　　　　　正則化

図 23　平滑化アプローチの比較（文献 [166] より画像を和訳して引用）。微分可能レンダリングを用いて球体 (a) を対象形状 (e) に近づけるように最適化することを考えます。正則化をいっさい行わない場合 (b)，赤で可視化されているようにメッシュが反転したり交差したりしてしまいます。ラプラシアンによる正則化を損失関数に加えることで滑らかさが担保され，形状も安定しますが (c)，正則化項と他の項が反発し合ってメッシュの反転や詳細の欠如が残ってしまう場合があります。一方，勾配そのものにラプラシアンを掛け，更新そのものを平滑化する手法の場合，滑らかさと詳細の保持の両方を安定して獲得することができます (d)。

　ニューラル場による陰関数の場合，法線の分布に疎な制約をかけることで表面の平坦さをコントロールする手法 [160] や，次式に示すいわゆるアイコナール方程式を正則関数として用いる手法 [169, 113] が提案されています。

$$\left\|\nabla_x f(x)\right\| = 1 \tag{6}$$

f は多層パーセプトロン，x は 3 次元上の任意の点です。各点の勾配のノルムが 1 という制約は，符号付き距離関数（SDF）を常に満たさなければならないことを意味します。特にアイコナール方程式による正則関数は，点群や穴の空いたメッシュ（非水密メッシュ）を教師として形状の学習を行う際に必須となります。そのほかに，点群からのニューラル場の学習の際には，SAL [170] やSALD [171] のように，対称性を正則化項として導入した方法も提案されています。

　3 次元復元の学習を行う場合，データの不足が問題になることがあります。大量の 3 次元学習データを確保することが難しい場合はどうしたらよいでしょうか。今のところ有望な解決策として，データサンプルを内挿した生成結果を正則化する方法があります。たとえば，カテゴリ内の形状を変分オートエンコーダ（variational auto-encoder; VAE）として学習することを考えます。通常の学習の場合，潜在変数間の滑らかさは担保されますが，未知の内挿によって得

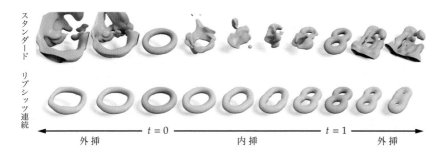

縦書きラベル（左側）: スタンダード　リプシッツ連続

図中のラベル: $t = 0$　　$t = 1$　　外挿　　内挿　　外挿

図 24　ニューラル場の学習における汎化性能向上のためのリプシッツ連続正
則化（文献 [175] より画像を和訳して引用）。限られた学習データ（緑）では，
ニューラル場の学習は内挿および外挿においてうまく汎化しない可能性があり
ます（上段，赤）。リプシッツ連続性を正則化に加えることで，汎化性能が大き
く向上します（下段，青）。

られる形状自体には，何も制約がかけられていません。特に，学習データが少
ない場合は，汎化性能が大きく低下することになります。

　この問題に対し，内挿によって得られる未知の出力形状を正則化する方法で
の解決が試みられています。LIMP [172] では，入力された形状からランダムに
2 つをサンプルし，その内挿によって生成された形状の変形によって表面上の
任意の測地距離[28] が保存される正則化項を加えます。これにより，限られた入
力データでも，汎化性能の高いメッシュデコーダを得ることが可能になりまし
た。同様に，図 24 に示すように，ニューラル場を用いた陰関数でも汎化性能を
向上させる方法が提案されています [175]。ニューラル場では，全体の形状に対
して制約をかけることが計算コストの観点から難しいため，ニューラル場を定
義する多層パーセプトロン f が入力の潜在変数などのパラメータに対してリプ
シッツ連続であるように制約を加えます。この方法を用いれば，ニューラル場
においても，限られた学習データからより汎化するデコーダを得ることができ
ます。

[28] 測地距離とは，メッシュ表
面の 2 点をメッシュ表面上で
結ぶ最短距離のことをいいま
す。非常に高速に距離および
経路を計算する手法 [173] も
提案されています。微分可能
な実装は [174] にあります。

6　フレームワークで分析する単眼画像からの全周 3 次元復元

　エンコーダ，デコーダ，損失関数の主要なアプローチと，それらを選択する
上での指針を解説してきました。この節では，解説したフレームワークに基づ
き，単眼画像からの全周 3 次元復元の研究トピックがどのように発展してきた
かを見ていきます。表 1 に主な単眼 3 次元復元の手法と，フレームワークにお
ける構成要素の一覧を示します。

　単眼画像から全周形状を復元するというタスクは，遮蔽されて見えていない背面
部分を同時に推定する必要があります。この分野が花開いたのは，ShapeNet [49]

表 1　単眼画像からの全周 3 次元復元手法

	手法	入力データ	エンコーダ	出力データ	デコーダ	損失関数
a	3dShapeNet [55]	単眼画像	2D CNN（大域）	ボクセル	3D CNN	再構成
b	3d-R2N2 [69]		2D CNN（大域）	ボクセル	3D RNN	再構成
c	[91]		2D CNN（大域）	点群	MLP	再構成
d	Pixel2Mesh [110]		2D CNN（局所）	メッシュ	Graph Conv.	再構成 正則化
e	PTN [159]		2D CNN（大域）	ボクセル	3D CNN	逆レンダリング
f	NMR [156]		2D CNN（大域）	メッシュ	MLP	逆レンダリング 正則化
g	[92]		2D CNN（大域）	点群	MLP	逆レンダリング
h	OccNet [118]		2D CNN（大域）	ニューラル場	MLP	再構成
i	PIFu [19]		2D CNN（局所）	ニューラル場	MLP	再構成
j	PixelNeRF [42]		2D CNN（局所）	ニューラル場	MLP	逆レンダリング
k	[21]		ViT（局所）	ニューラル場	MLP	逆レンダリング

のような大規模 3 次元形状データセットが公開され，全周形状の事前知識が得られやすくなったことに起因します．そのため，初期の研究は正解形状に対して再構成損失を使用し，CNN を用いて大域特徴量を回帰する手法が主でした．また，ボクセル [55, 69]（表 1 a, b），点群 [91]（同 c）など，実装が直感的で自由度が高い反面，精度がイマイチな出力表現・デコーダが採用されていました．

その後，メッシュベースの手法 Pixel2Mesh [110] が提案され，小さい自由度で，表面の形状がよりきれいに出力できることが驚きを与えました（表 1 d）．そして，Perspective Transformer [159]（同 e）や Neural 3D Mesh Renderer [156]（同 f），Insafutdinov らの手法 [92]（同 g）によって，3 次元の正解形状に依存せず，ボクセル，メッシュ，点群の単眼復元を微分可能レンダリングによって実現できることが示されました．

そして，CVPR2019 において，IMNet [14]，Occupancy Networks [118]（表 1 h），DeepSDF [119] が，高解像かつさまざまなトポロジーの形状復元を陰関数・ニューラル場によって実現できることを示し，一気にニューラル場が 3 次元復元における主要な候補となりました．また，PIFu [19]（同 i）および DISN [176] が，上記の 3 手法で用いられた大域特徴量の代わりに畳み込み局所特徴量をエンコーダとして用いたニューラル場表現を提案し，少ない学習データにもかかわらず高い汎化性能とより詳細な復元性能を実現しました．

さらに，IDR [163] や NeRF [6] など，ニューラル場を微分可能レンダリングによって復元する手法が提案されると，それらを単眼復元に応用した PixelNeRF [42]（表 1 j）や PVA [177] といった手法が出てきました．より最近の研究では，デコーダの汎化性能を，畳み込みネットワーク（CNN）の代わりに Vision Transformer（ViT）を用いることでさらに向上させる取り組みが行われています [21]（同 k）．

フレームワークに当てはめると，1 つ 1 つの研究はエンコーダ，デコーダ，損

失関数のいずれか 1 つを更新することで従来手法の問題を改善し，分野を発展させ続けていることが見て取れます。

7　おわりに

　本稿では，ニューラル 3 次元復元の概観をつかむためにフレームワークの概念を導入し，その要素技術としてエンコーダ，デコーダ，損失関数について解説しました。また，最新研究をこれらの構成要素に分解して眺めることで，各手法の違いや特徴がよりわかりやすくなることを示しました。近年，アーキテクチャや学習方法の革新によってコンピュータビジョン，自然言語処理，音声処理などの周辺領域が統一的に取り扱えるようになってきましたが，これもまた，各研究手法を入力，出力，損失関数に抽象化し，フレームワークとして捉えられるようになったことが大きいのではないかと考えています。また，オープンソース文化によって，要素技術に誰もがアクセスできるようになっていることも，分野の活性化を促進する大きな要因だと思います。計算環境が手もとになくても，Google Colab などにより，さまざまなコードが動かせるようになっているので，読者の皆さんも試しにコードを動かしてみてください。そうした遊び心がきっかけとなって，新たな 3 次元ビジョン研究や応用事例が出てきてくれることを願っています。

参考文献

[1] Ian Goodfellow, Jean Pouget-Abadie, Mehdi Mirza, Bing Xu, David Warde-Farley, Sherjil Ozair, Aaron Courville, and Yoshua Bengio. Generative adversarial nets. *Advances in Neural Information Processing Systems*, Vol. 27, pp. 139–144, 2014.

[2] Jonathan Ho, Ajay Jain, and Pieter Abbeel. Denoising diffusion probabilistic models. *Advances in Neural Information Processing Systems*, Vol. 33, pp. 6840–6851, 2020.

[3] Luma AI. https://lumalabs.ai/.

[4] Matterport. https://matterport.com/industries/real-estate.

[5] Yasutaka Furukawa, Brian Curless, Steven M. Seitz, and Richard Szeliski. Manhattan-world stereo. In *2009 IEEE Conference on Computer Vision and Pattern Recognition*, pp. 1422–1429. IEEE, 2009.

[6] Ben Mildenhall, Pratul P. Srinivasan, Matthew Tancik, Jonathan T. Barron, Ravi Ramamoorthi, and Ren Ng. NeRF: Representing scenes as neural radiance fields for view synthesis. In *European Conference on Computer Vision (ECCV)*, pp. 405–421, 2020.

[7] 千葉直也. ニュウモン 点群深層学習. 井尻善久, 牛久祥孝, 片岡裕雄, 藤吉弘亘（編）, コンピュータビジョン最前線 Winter 2022. 共立出版, 2022.

[8] 瀧川永遠希. イマドキノ Neural Fields. 井尻善久, 牛久祥孝, 片岡裕雄, 藤吉弘亘（編）, コンピュータビジョン最前線 Autumn 2022. 共立出版, 2022.

[9] 加藤大晴. ニュウモン 微分可能レンダリング. 井尻善久, 牛久祥孝, 片岡裕雄, 藤吉弘亘 (編), コンピュータビジョン最前線 Autumn 2022. 共立出版, 2022.

[10] Volker Blanz and Thomas Vetter. A morphable model for the synthesis of 3D faces. In *26th Annual Conference on Computer Graphics and Interactive Techniques*, pp. 187–194, 1999.

[11] Tao Chen, Zhe Zhu, Ariel Shamir, Shi-Min Hu, and Daniel Cohen-Or. 3-Sweep: Extracting editable objects from a single photo. *ACM Transactions on Graphics (TOG)*, Vol. 32, No. 6, pp. 1–10, 2013.

[12] Kaiming He, Xiangyu Zhang, Shaoqing Ren, and Jian Sun. Deep residual learning for image recognition. In *IEEE Conference on Computer Vision and Pattern Recognition (CVPR)*, pp. 770–778, 2016.

[13] Karen Simonyan and Andrew Zisserman. Very deep convolutional networks for large-scale image recognition. *arXiv preprint arXiv:1409.1556*, 2014.

[14] Zhiqin Chen and Hao Zhang. Learning implicit fields for generative shape modeling. In *IEEE/CVF Conference on Computer Vision and Pattern Recognition (CVPR)*, pp. 5939–5948, 2019.

[15] Angjoo Kanazawa, Michael J. Black, David W. Jacobs, and Jitendra Malik. End-to-end recovery of human shape and pose. In *IEEE Conference on Computer Vision and Pattern Recognition*, pp. 7122–7131, 2018.

[16] Alejandro Newell, Kaiyu Yang, and Jia Deng. Stacked hourglass networks for human pose estimation. In *European Conference on Computer Vision*, pp. 483–499. Springer, 2016.

[17] Jingdong Wang, Ke Sun, Tianheng Cheng, Borui Jiang, Chaorui Deng, Yang Zhao, Dong Liu, Yadong Mu, Mingkui Tan, Xinggang Wang, et al. Deep high-resolution representation learning for visual recognition. *IEEE Transactions on Pattern Analysis and Machine Intelligence*, Vol. 43, No. 10, pp. 3349–3364, 2020.

[18] Aaron S. Jackson, Adrian Bulat, Vasileios Argyriou, and Georgios Tzimiropoulos. Large pose 3D face reconstruction from a single image via direct volumetric CNN regression. In *IEEE International Conference on Computer Vision*, pp. 1031–1039, 2017.

[19] Shunsuke Saito, Zeng Huang, Ryota Natsume, Shigeo Morishima, Angjoo Kanazawa, and Hao Li. PIFu: Pixel-aligned implicit function for high-resolution clothed human digitization. In *IEEE International Conference on Computer Vision (ICCV)*, pp. 2304–2314, 2019.

[20] Alexey Dosovitskiy, Lucas Beyer, Alexander Kolesnikov, Dirk Weissenborn, Xiaohua Zhai, Thomas Unterthiner, Mostafa Dehghani, Matthias Minderer, Georg Heigold, Sylvain Gelly, et al. An image is worth 16×16 words: Transformers for image recognition at scale. *arXiv preprint arXiv:2010.11929*, 2020.

[21] Kai-En Lin, Lin Yen-Chen, Wei-Sheng Lai, Tsung-Yi Lin, Yi-Chang Shih, and Ravi Ramamoorthi. Vision transformer for NeRF-based view synthesis from a single input image. *arXiv preprint arXiv:2207.05736*, 2022.

[22] Zhe Li, Tao Yu, Chuanyu Pan, Zerong Zheng, and Yebin Liu. Robust 3D self-portraits in seconds. In *IEEE/CVF Conference on Computer Vision and Pattern Recognition*, pp.

1344–1353, 2020.

[23] Lizhen Wang, Xiaochen Zhao, Tao Yu, Songtao Wang, and Yebin Liu. NormalGAN: Learning detailed 3D human from a single RGB-D image. In *European Conference on Computer Vision*, pp. 430–446. Springer, 2020.

[24] Zhuo Su, Lan Xu, Zerong Zheng, Tao Yu, Yebin Liu, and Lu Fang. RobustFusion: Human volumetric capture with data-driven visual cues using a RGBD camera. In *European Conference on Computer Vision*, pp. 246–264. Springer, 2020.

[25] Johannes L. Schönberger and Jan-Michael Frahm. Structure-from-motion revisited. In *Conference on Computer Vision and Pattern Recognition (CVPR)*, pp. 4104–4113, 2016.

[26] 櫻田健. ニュウモン Visual SLAM. 井尻善久, 牛久祥孝, 片岡裕雄, 藤吉弘亘（編）, コンピュータビジョン最前線 Spring 2022. 共立出版, 2022.

[27] Georg Klein and David Murray. Parallel tracking and mapping for small AR workspaces. In *2007 6th IEEE and ACM International Symposium on Mixed and Augmented Reality*, pp. 225–234. IEEE, 2007.

[28] Richard A. Newcombe, Steven J. Lovegrove, and Andrew J. Davison. DTAM: Dense tracking and mapping in real-time. In *2011 International Conference on Computer Vision*, pp. 2320–2327. IEEE, 2011.

[29] Carlos Campos, Richard Elvira, Juan J. G. Rodríguez, José M. M. Montiel, and Juan D. Tardós. ORB-SLAM3: An accurate open-source library for visual, visual–inertial, and multimap SLAM. *IEEE Transactions on Robotics*, Vol. 37, No. 6, pp. 1874–1890, 2021.

[30] Yasutaka Furukawa and Jean Ponce. Accurate, dense, and robust multiview stereopsis. *IEEE Transactions on Pattern Analysis and Machine Intelligence*, Vol. 32, No. 8, pp. 1362–1376, 2009.

[31] Sameer Agarwal, Yasutaka Furukawa, Noah Snavely, Ian Simon, Brian Curless, Steven M. Seitz, and Richard Szeliski. Building Rome in a day. *Communications of the ACM*, Vol. 54, No. 10, pp. 105–112, 2011.

[32] Chenglei Wu, Bennett Wilburn, Yasuyuki Matsushita, and Christian Theobalt. High-quality shape from multi-view stereo and shading under general illumination. In *CVPR 2011*, pp. 969–976. IEEE, 2011.

[33] Fabian Langguth, Kalyan Sunkavalli, Sunil Hadap, and Michael Goesele. Shading-aware multi-view stereo. In *European Conference on Computer Vision*, pp. 469–485. Springer, 2016.

[34] Manmohan Chandraker, Sameer Agarwal, and David Kriegman. ShadowCuts: Photometric stereo with shadows. In *2007 IEEE Conference on Computer Vision and Pattern Recognition*, pp. 1–8. IEEE, 2007.

[35] David Gallup, Jan-Michael Frahm, and Marc Pollefeys. Piecewise planar and non-planar stereo for urban scene reconstruction. In *2010 IEEE Computer Society Conference on Computer Vision and Pattern Recognition*, pp. 1418–1425. IEEE, 2010.

[36] Christian Häne, Christopher Zach, Andrea Cohen, and Marc Pollefeys. Dense semantic 3D reconstruction. *IEEE Transactions on Pattern Analysis and Machine Intelligence*, Vol. 39, No. 9, pp. 1730–1743, 2016.

[37] Yao Yao, Zixin Luo, Shiwei Li, Tian Fang, and Long Quan. MVSNet: Depth inference for unstructured multi-view stereo. In *European Conference on Computer Vision (ECCV)*, pp. 767–783, 2018.

[38] Po-Han Huang, Kevin Matzen, Johannes Kopf, Narendra Ahuja, and Jia-Bin Huang. DeepMVS: Learning multi-view stereopsis. In *IEEE Conference on Computer Vision and Pattern Recognition*, pp. 2821–2830, 2018.

[39] Yao Yao, Zixin Luo, Shiwei Li, Tianwei Shen, Tian Fang, and Long Quan. Recurrent MVSNet for high-resolution multi-view stereo depth inference. In *IEEE/CVF Conference on Computer Vision and Pattern Recognition*, pp. 5525–5534, 2019.

[40] Anpei Chen, Zexiang Xu, Fuqiang Zhao, Xiaoshuai Zhang, Fanbo Xiang, Jingyi Yu, and Hao Su. MVSNeRF: Fast generalizable radiance field reconstruction from multi-view stereo. In *IEEE International Conference on Computer Vision (ICCV)*, pp. 14124–14133, 2021.

[41] Zeng Huang, Tianye Li, Weikai Chen, Yajie Zhao, Jun Xing, Chloe LeGendre, Linjie Luo, Chongyang Ma, and Hao Li. Deep volumetric video from very sparse multi-view performance capture. In *European Conference on Computer Vision (ECCV)*, pp. 336–354, 2018.

[42] Alex Yu, Vickie Ye, Matthew Tancik, and Angjoo Kanazawa. pixelNeRF: Neural radiance fields from one or few images. In *IEEE/CVF Conference on Computer Vision and Pattern Recognition (CVPR)*, pp. 4578–4587, 2021.

[43] Vincent Sitzmann, Justus Thies, Felix Heide, Matthias Nießner, Gordon Wetzstein, and Michael Zollhöfer. DeepVoxels: Learning persistent 3D feature embeddings. In *Computer Vision and Pattern Recognition (CVPR)*, pp. 2437–2446. IEEE, 2019.

[44] Jiaming Sun, Yiming Xie, Linghao Chen, Xiaowei Zhou, and Hujun Bao. NeuralRecon: Real-time coherent 3D reconstruction from monocular video. In *IEEE/CVF Conference on Computer Vision and Pattern Recognition (CVPR)*, pp. 15598–15607, 2021.

[45] Qianqian Wang, Zhicheng Wang, Kyle Genova, Pratul Srinivasan, Howard Zhou, Jonathan T. Barron, Ricardo Martin-Brualla, Noah Snavely, and Thomas Funkhouser. IBRNet: Learning multi-view image-based rendering. In *IEEE/CVF Conference on Computer Vision and Pattern Recognition (CVPR)*, pp. 4690–4699, 2021.

[46] Marko Mihajlovic, Aayush Bansal, Michael Zollhoefer, Siyu Tang, and Shunsuke Saito. KeypointNeRF: Generalizing image-based volumetric avatars using relative spatial encoding of keypoints. In *European Conference on Computer Vision (ECCV)*, pp. 179–197, 2022.

[47] Aljaz Bozic, Pablo Palafox, Justus Thies, Angela Dai, and Matthias Nießner. TransformerFusion: Monocular RGB scene reconstruction using Transformers. *Advances in Neural Information Processing Systems*, Vol. 34, pp. 1403–1414, 2021.

[48] Charles R. Qi, Hao Su, Kaichun Mo, and Leonidas J. Guibas. PointNet: Deep learning on point sets for 3D classification and segmentation. In *IEEE Conference on Computer Vision and Pattern Recognition (CVPR)*, pp. 652–660, 2017.

[49] Angel X. Chang, Thomas Funkhouser, Leonidas Guibas, Pat Hanrahan, Qixing Huang, Zimo Li, Silvio Savarese, Manolis Savva, Shuran Song, Hao Su, Jianxiong

Xiao, Li Yi, and Fisher Yu. ShapeNet: An information-rich 3D model repository. *Technical Report arXiv:1512.03012 [cs.GR]*, Stanford University – Princeton University – Toyota Technological Institute at Chicago, 2015.

[50] Thibault Groueix, Matthew Fisher, Vladimir G. Kim, Bryan C. Russell, and Mathieu Aubry. AtlasNet: A papier-mache approach to learning 3D surface generation. In *IEEE/CVF Conference on Computer Vision and Pattern Recognition (CVPR)*, pp. 216–224, 2018.

[51] Charles R. Qi, Li Yi, Hao Su, and Leonidas J. Guibas. PointNet++: Deep hierarchical feature learning on point sets in a metric space. *Advances in Neural Information Processing Systems*, Vol. 30, pp. 5099–5108, 2017.

[52] Tong He, Yuanlu Xu, Shunsuke Saito, Stefano Soatto, and Tony Tung. ARCH++: Animation-ready clothed human reconstruction revisited. In *IEEE International Conference on Computer Vision (ICCV)*, pp. 11046–11056, 2021.

[53] Congyue Deng, Or Litany, Yueqi Duan, Adrien Poulenard, Andrea Tagliasacchi, and Leonidas Guibas. Vector neurons: A general framework for SO(3)-equivariant networks. *arXiv preprint arXiv:2104.12229*, 2021.

[54] Daniel Maturana and Sebastian Scherer. VoxNet: A 3D convolutional neural network for real-time object recognition. In *2015 IEEE/RSJ International Conference on Intelligent Robots and Systems (IROS)*, pp. 922–928, 2015.

[55] Zhirong Wu, Shuran Song, Aditya Khosla, Fisher Yu, Linguang Zhang, Xiaoou Tang, and Jianxiong Xiao. 3D ShapeNets: A deep representation for volumetric shapes. In *IEEE Conference on Computer Vision and Pattern Recognition*, pp. 1912–1920, 2015.

[56] Weiyue Wang, Qiangui Huang, Suya You, Chao Yang, and Ulrich Neumann. Shape inpainting using 3D generative adversarial network and recurrent convolutional networks. In *IEEE International Conference on Computer Vision*, pp. 2298–2306, 2017.

[57] Angela Dai, Christian Diller, and Matthias Nießner. SG-NN: Sparse generative neural networks for self-supervised scene completion of RGB-D scans. In *IEEE/CVF Conference on Computer Vision and Pattern Recognition*, pp. 849–858, 2020.

[58] Ben Graham. Sparse 3D convolutional neural networks. *arXiv preprint arXiv:1505.02890*, 2015.

[59] Sida Peng, Yuanqing Zhang, Yinghao Xu, Qianqian Wang, Qing Shuai, Hujun Bao, and Xiaowei Zhou. Neural body: Implicit neural representations with structured latent codes for novel view synthesis of dynamic humans. In *IEEE/CVF Conference on Computer Vision and Pattern Recognition (CVPR)*, pp. 9054–9063, 2021.

[60] Songyou Peng, Michael Niemeyer, Lars Mescheder, Marc Pollefeys, and Andreas Geiger. Convolutional occupancy networks. In *European Conference on Computer Vision (ECCV)*, pp. 523–540, 2020.

[61] Olaf Ronneberger, Philipp Fischer, and Thomas Brox. U-Net: Convolutional networks for biomedical image segmentation. In *International Conference on Medical Image Computing and Computer-Assisted Intervention*, pp. 234–241. Springer, 2015.

[62] Zhijian Liu, Haotian Tang, Yujun Lin, and Song Han. Point-Voxel CNN for efficient 3D deep learning. *Advances in Neural Information Processing Systems*, Vol. 32, pp.

965–975, 2019.

[63] Ayush Tewari, Michael Zollhofer, Hyeongwoo Kim, Pablo Garrido, Florian Bernard, Patrick Perez, and Christian Theobalt. MoFA: Model-based deep convolutional face autoencoder for unsupervised monocular reconstruction. In *IEEE International Conference on Computer Vision Workshops*, pp. 1274–1283, 2017.

[64] Keunhong Park, Utkarsh Sinha, Jonathan T. Barron, Sofien Bouaziz, Dan B. Goldman, Steven M. Seitz, and Ricardo Martin-Brualla. Nerfies: Deformable neural radiance fields. In *IEEE International Conference on Computer Vision (ICCV)*, pp. 5865–5874, 2021.

[65] Gengshan Yang, Minh Vo, Natalia Neverova, Deva Ramanan, Andrea Vedaldi, and Hanbyul Joo. BANMo: Building animatable 3D neural models from many casual videos. In *IEEE/CVF Conference on Computer Vision and Pattern Recognition*, pp. 2863–2873, 2022.

[66] Gengshan Yang, Deqing Sun, Varun Jampani, Daniel Vlasic, Forrester Cole, Huiwen Chang, Deva Ramanan, William T. Freeman, and Ce Liu. LASR: Learning articulated shape reconstruction from a monocular video. In *IEEE/CVF Conference on Computer Vision and Pattern Recognition*, pp. 15980–15989, 2021.

[67] Gengshan Yang, Deqing Sun, Varun Jampani, Daniel Vlasic, Forrester Cole, Ce Liu, and Deva Ramanan. ViSER: Video-specific surface embeddings for articulated 3D shape reconstruction. *Advances in Neural Information Processing Systems*, Vol. 34, pp. 19326–19338, 2021.

[68] John Amanatides, Andrew Woo, et al. A fast voxel traversal algorithm for ray tracing. In *Eurographics*, Vol. 87, pp. 3–10, 1987.

[69] Christopher B. Choy, Danfei Xu, JunYoung Gwak, Kevin Chen, and Silvio Savarese. 3D-R2N2: A unified approach for single and multi-view 3D object reconstruction. In *European Conference on Computer Vision*, pp. 628–644. Springer, 2016.

[70] Gul Varol, Duygu Ceylan, Bryan Russell, Jimei Yang, Ersin Yumer, Ivan Laptev, and Cordelia Schmid. BodyNet: Volumetric inference of 3D human body shapes. In *European Conference on Computer Vision (ECCV)*, pp. 20–36, 2018.

[71] Gernot Riegler, Ali O. Ulusoy, and Andreas Geiger. OctNet: Learning deep 3D representations at high resolutions. In *IEEE Conference on Computer Vision and Pattern Recognition*, pp. 3577–3586, 2017.

[72] Maxim Tatarchenko, Alexey Dosovitskiy, and Thomas Brox. Octree generating networks: Efficient convolutional architectures for high-resolution 3D outputs. In *IEEE International Conference on Computer Vision*, pp. 2088–2096, 2017.

[73] Xingguang Yan, Liqiang Lin, Niloy J. Mitra, Dani Lischinski, Daniel Cohen-Or, and Hui Huang. ShapeFormer: Transformer-based shape completion via sparse representation. In *IEEE/CVF Conference on Computer Vision and Pattern Recognition*, pp. 6239–6249, 2022.

[74] Ziyan Wang, Timur Bagautdinov, Stephen Lombardi, Tomas Simon, Jason Saragih, Jessica Hodgins, and Michael Zollhofer. Learning compositional radiance fields of dynamic human heads. In *IEEE/CVF Conference on Computer Vision and Pattern*

Recognition (CVPR), pp. 5704–5713, 2021.

[75] Qian-Yi Zhou, Jaesik Park, and Vladlen Koltun. Open3D: A modern library for 3D data processing. *arXiv preprint arXiv:1801.09847*, 2018.

[76] Patrick Min. [binvox] 3D mesh voxelizer. https://www.patrickmin.com/binvox/.

[77] Weifeng Chen, Zhao Fu, Dawei Yang, and Jia Deng. Single-image depth perception in the wild. *Advances in Neural Information Processing Systems*, Vol. 29, pp. 730–738, 2016.

[78] Iro Laina, Christian Rupprecht, Vasileios Belagiannis, Federico Tombari, and Nassir Navab. Deeper depth prediction with fully convolutional residual networks. In *2016 Fourth International Conference on 3D Vision (3DV)*, pp. 239–248. IEEE, 2016.

[79] Huan Fu, Mingming Gong, Chaohui Wang, Kayhan Batmanghelich, and Dacheng Tao. Deep ordinal regression network for monocular depth estimation. In *IEEE Conference on Computer Vision and Pattern Recognition*, pp. 2002–2011, 2018.

[80] Zhengqi Li, Tali Dekel, Forrester Cole, Richard Tucker, Noah Snavely, Ce Liu, and William T. Freeman. Learning the depths of moving people by watching frozen people. In *IEEE/CVF Conference on Computer Vision and Pattern Recognition*, pp. 4521–4530, 2019.

[81] René Ranftl, Katrin Lasinger, David Hafner, Konrad Schindler, and Vladlen Koltun. Towards robust monocular depth estimation: Mixing datasets for zero-shot cross-dataset transfer. *IEEE Transactions on Pattern Analysis and Machine Intelligence*, 2020.

[82] Seyed M. H. Miangoleh, Sebastian Dille, Long Mai, Sylvain Paris, and Yagiz Aksoy. Boosting monocular depth estimation models to high-resolution via content-adaptive multi-resolution merging. In *IEEE/CVF Conference on Computer Vision and Pattern Recognition*, pp. 9685–9694, 2021.

[83] GitHub: BoostingMonocularDepth. https://github.com/compphoto/BoostingMonocularDepth.

[84] Ruizhi Shao, Zerong Zheng, Hongwen Zhang, Jingxiang Sun, and Yebin Liu. DiffuStereo: High quality human reconstruction via diffusion-based stereo using sparse cameras. *arXiv preprint arXiv:2207.08000*, 2022.

[85] Shunsuke Saito, Tomas Simon, Jason Saragih, and Hanbyul Joo. PIFuHD: Multi-level pixel-aligned implicit function for high-resolution 3D human digitization. In *IEEE/CVF Conference on Computer Vision and Pattern Recognition (CVPR)*, pp. 84–93, 2020.

[86] Yuan Yao, Nico Schertler, Enrique Rosales, Helge Rhodin, Leonid Sigal, and Alla Sheffer. Front2Back: Single view 3D shape reconstruction via front to back prediction. In *IEEE/CVF Conference on Computer Vision and Pattern Recognition*, pp. 531–540, 2020.

[87] David Smith, Matthew Loper, Xiaochen Hu, Paris Mavroidis, and Javier Romero. FACSIMILE: Fast and accurate scans from an image in less than a second. In *IEEE/CVF International Conference on Computer Vision*, pp. 5330–5339, 2019.

[88] Valentin Gabeur, Jean-Sébastien Franco, Xavier Martin, Cordelia Schmid, and Gregory Rogez. Moulding humans: Non-parametric 3D human shape estimation from

single images. In *IEEE/CVF International Conference on Computer Vision*, pp. 2232–2241, 2019.

[89] Xiuming Zhang, Zhoutong Zhang, Chengkai Zhang, Josh Tenenbaum, Bill Freeman, and Jiajun Wu. Learning to reconstruct shapes from unseen classes. *Advances in Neural Information Processing Systems*, Vol. 31, pp. 2257–2268, 2018.

[90] Xingyuan Sun, Jiajun Wu, Xiuming Zhang, Zhoutong Zhang, Chengkai Zhang, Tianfan Xue, Joshua B. Tenenbaum, and William T. Freeman. Pix3D: Dataset and methods for single-image 3D shape modeling. In *IEEE Conference on Computer Vision and Pattern Recognition*, pp. 2974–2983, 2018.

[91] Haoqiang Fan, Hao Su, and Leonidas J. Guibas. A point set generation network for 3D object reconstruction from a single image. In *IEEE Conference on Computer Vision and Pattern Recognition*, pp. 605–613, 2017.

[92] Eldar Insafutdinov and Alexey Dosovitskiy. Unsupervised learning of shape and pose with differentiable point clouds. *Advances in Neural Information Processing Systems*, Vol. 31, pp. 2802–2812, 2018.

[93] Guandao Yang, Xun Huang, Zekun Hao, Ming-Yu Liu, Serge Belongie, and Bharath Hariharan. PointFlow: 3D point cloud generation with continuous normalizing flows. In *IEEE/CVF International Conference on Computer Vision*, pp. 4541–4550, 2019.

[94] Ricky T. Q. Chen, Yulia Rubanova, Jesse Bettencourt, and David K. Duvenaud. Neural ordinary differential equations. *Advances in Neural Information Processing Systems*, Vol. 31, pp. 6571–6583, 2018.

[95] GitHub: torchdiffeq. https://github.com/rtqichen/torchdiffeq.

[96] Ruojin Cai, Guandao Yang, Hadar Averbuch-Elor, Zekun Hao, Serge Belongie, Noah Snavely, and Bharath Hariharan. Learning gradient fields for shape generation. In *European Conference on Computer Vision*, pp. 364–381. Springer, 2020.

[97] Rui Chen, Songfang Han, Jing Xu, and Hao Su. Point-based multi-view stereo network. In *IEEE/CVF International Conference on Computer Vision*, pp. 1538–1547, 2019.

[98] Qiangeng Xu, Zexiang Xu, Julien Philip, Sai Bi, Zhixin Shu, Kalyan Sunkavalli, and Ulrich Neumann. Point-NeRF: Point-based neural radiance fields. In *IEEE/CVF Conference on Computer Vision and Pattern Recognition*, pp. 5438–5448, 2022.

[99] Fausto Bernardini, Joshua Mittleman, Holly Rushmeier, Cláudio Silva, and Gabriel Taubin. The ball-pivoting algorithm for surface reconstruction. *IEEE Transactions on Visualization and Computer Graphics*, Vol. 5, No. 4, pp. 349–359, 1999.

[100] Michael Kazhdan and Hugues Hoppe. Screened Poisson surface reconstruction. *ACM Transactions on Graphics (ToG)*, Vol. 32, No. 3, pp. 1–13, 2013.

[101] Paolo Cignoni, Marco Callieri, Massimiliano Corsini, Matteo Dellepiane, Fabio Ganovelli, Guido Ranzuglia, et al. MeshLab: An open-source mesh processing tool. In *Eurographics Italian Chapter Conference*, Vol. 1, pp. 129–136, 2008.

[102] Matthew Loper, Naureen Mahmood, Javier Romero, Gerard Pons-Moll, and Michael J. Black. SMPL: A skinned multi-person linear model. *ACM Transactions on Graphics (TOG)*, Vol. 34, No. 6, pp. 1–16, 2015.

[103] Anh T. Tran, Tal Hassner, Iacopo Masi, and Gérard Medioni. Regressing robust and discriminative 3D morphable models with a very deep neural network. In *IEEE Conference on Computer Vision and Pattern Recognition*, pp. 5163–5172, 2017.

[104] Nikos Kolotouros, Georgios Pavlakos, Michael J. Black, and Kostas Daniilidis. Learning to reconstruct 3D human pose and shape via model-fitting in the loop. In *IEEE/CVF International Conference on Computer Vision*, pp. 2252–2261, 2019.

[105] Ayush Tewari, Florian Bernard, Pablo Garrido, Gaurav Bharaj, Mohamed Elgharib, Hans-Peter Seidel, Patrick Pérez, Michael Zollhofer, and Christian Theobalt. FML: Face model learning from videos. In *IEEE/CVF Conference on Computer Vision and Pattern Recognition*, pp. 10812–10822, 2019.

[106] Luan Tran and Xiaoming Liu. Nonlinear 3D face morphable model. In *IEEE Conference on Computer Vision and Pattern Recognition*, pp. 7346–7355, 2018.

[107] Anurag Ranjan, Timo Bolkart, Soubhik Sanyal, and Michael J. Black. Generating 3D faces using convolutional mesh autoencoders. In *European Conference on Computer Vision (ECCV)*, pp. 704–720, 2018.

[108] Qianli Ma, Jinlong Yang, Anurag Ranjan, Sergi Pujades, Gerard Pons-Moll, Siyu Tang, and Michael J. Black. Learning to dress 3D people in generative clothing. In *IEEE/CVF Conference on Computer Vision and Pattern Recognition*, pp. 6469–6478, 2020.

[109] Luan Tran, Feng Liu, and Xiaoming Liu. Towards high-fidelity nonlinear 3D face morphable model. In *IEEE/CVF Conference on Computer Vision and Pattern Recognition*, pp. 1126–1135, 2019.

[110] Nanyang Wang, Yinda Zhang, Zhuwen Li, Yanwei Fu, Wei Liu, and Yu-Gang Jiang. Pixel2Mesh: Generating 3D mesh models from single RGB images. In *European Conference on Computer Vision (ECCV)*, pp. 52–67, 2018.

[111] Yaoqing Yang, Chen Feng, Yiru Shen, and Dong Tian. FoldingNet: Point cloud auto-encoder via deep grid deformation. In *IEEE Conference on Computer Vision and Pattern Recognition*, pp. 206–215, 2018.

[112] Matthew Tancik, Pratul P. Srinivasan, Ben Mildenhall, Sara Fridovich-Keil, Nithin Raghavan, Utkarsh Singhal, Ravi Ramamoorthi, Jonathan T. Barron, and Ren Ng. Fourier features let networks learn high frequency functions in low dimensional domains. In *Advances in Neural Information Processing Systems (NeurIPS)*, pp. 7537–7547. Curran Associates, Inc., 2020.

[113] Vincent Sitzmann, Julien N. P. Martel, Alexander W. Bergman, David B. Lindell, and Gordon Wetzstein. Implicit neural representations with periodic activation functions. In *Advances in Neural Information Processing Systems (NeurIPS)*, pp. 7462–7473. Curran Associates, Inc., 2020.

[114] Jan Bednarik, Shaifali Parashar, Erhan Gundogdu, Mathieu Salzmann, and Pascal Fua. Shape reconstruction by learning differentiable surface representations. In *IEEE/CVF Conference on Computer Vision and Pattern Recognition*, pp. 4716–4725, 2020.

[115] Junyi Pan, Xiaoguang Han, Weikai Chen, Jiapeng Tang, and Kui Jia. Deep mesh

reconstruction from single RGB images via topology modification networks. In *IEEE/CVF International Conference on Computer Vision*, pp. 9964–9973, 2019.

[116] Charlie Nash, Yaroslav Ganin, S. M. Ali Eslami, and Peter Battaglia. PolyGen: An autoregressive generative model of 3D meshes. In *International Conference on Machine Learning*, pp. 7220–7229. PMLR, 2020.

[117] Yiheng Xie, Towaki Takikawa, Shunsuke Saito, Or Litany, Shiqin Yan, Numair Khan, Federico Tombari, James Tompkin, Vincent Sitzmann, and Srinath Sridhar. Neural fields in visual computing and beyond. In *Computer Graphics Forum*, Vol. 41, pp. 641–676. Wiley Online Library, 2022.

[118] Lars Mescheder, Michael Oechsle, Michael Niemeyer, Sebastian Nowozin, and Andreas Geiger. Occupancy networks: Learning 3D reconstruction in function space. In *IEEE/CVF Conference on Computer Vision and Pattern Recognition (CVPR)*, pp. 4460–4470, 2019.

[119] Jeong J. Park, Peter Florence, Julian Straub, Richard Newcombe, and Steven Lovegrove. DeepSDF: Learning continuous signed distance functions for shape representation. In *IEEE/CVF Conference on Computer Vision and Pattern Recognition (CVPR)*, pp. 165–174, 2019.

[120] Vincent Sitzmann, Michael Zollhofer, and Gordon Wetzstein. Scene representation networks: Continuous 3D-structure-aware neural scene representations. In *Advances in Neural Information Processing Systems (NeurIPS)*, pp. 1121–1132. Curran Associates, Inc., 2019.

[121] Vincent Sitzmann, Eric R. Chan, Richard Tucker, Noah Snavely, and Gordon Wetzstein. MetaSDF: Meta-learning signed distance functions. In *Advances in Neural Information Processing Systems (NeurIPS)*, pp. 10136–10147. Curran Associates, Inc., 2020.

[122] Mehdi S. M. Sajjadi, Henning Meyer, Etienne Pot, Urs Bergmann, Klaus Greff, Noha Radwan, Suhani Vora, Mario Lučić, Daniel Duckworth, Alexey Dosovitskiy, et al. Scene representation transformer: Geometry-free novel view synthesis through set-latent scene representations. In *IEEE/CVF Conference on Computer Vision and Pattern Recognition*, pp. 6229–6238, 2022.

[123] Daniel Rebain, Mark J. Matthews, Kwang M. Yi, Gopal Sharma, Dmitry Lagun, and Andrea Tagliasacchi. Attention beats concatenation for conditioning neural fields. *arXiv preprint arXiv:2209.10684*, 2022.

[124] William E. Lorensen and Harvey E. Cline. Marching cubes: A high resolution 3D surface construction algorithm. *ACM Siggraph Computer Graphics*, Vol. 21, No. 4, pp. 163–169, 1987.

[125] Julian Chibane, Aymen Mir, and Gerard Pons-Moll. Neural unsigned distance fields for implicit function learning. In *Advances in Neural Information Processing Systems (NeurIPS)*, pp. 21638–21652. Curran Associates, Inc., 2020.

[126] Weikai Chen, Cheng Lin, Weiyang Li, and Bo Yang. 3PSDF: Three-pole signed distance function for learning surfaces with arbitrary topologies. In *IEEE/CVF Conference on Computer Vision and Pattern Recognition*, pp. 18522–18531, 2022.

[127] Michael Oechsle, Lars Mescheder, Michael Niemeyer, Thilo Strauss, and Andreas Geiger. Texture fields: Learning texture representations in function space. In *IEEE International Conference on Computer Vision (ICCV)*, pp. 4531–4540, 2019.

[128] Peng Wang, Lingjie Liu, Yuan Liu, Christian Theobalt, Taku Komura, and Wenping Wang. NeuS: Learning neural implicit surfaces by volume rendering for multi-view reconstruction. In *Advances in Neural Information Processing Systems*, Vol. 34, pp. 27171–27183, 2021.

[129] Lior Yariv, Jiatao Gu, Yoni Kasten, and Yaron Lipman. Volume rendering of neural implicit surfaces. In *Advances in Neural Information Processing Systems (NeurIPS)*, pp. 4805–4815. Curran Associates, Inc., 2021.

[130] Michael Oechsle, Songyou Peng, and Andreas Geiger. UNISURF: Unifying neural implicit surfaces and radiance fields for multi-view reconstruction. In *IEEE International Conference on Computer Vision (ICCV)*, pp. 5589–5599, 2021.

[131] Itsuki Ueda, Yoshihiro Fukuhara, Hirokatsu Kataoka, Hiroaki Aizawa, Hidehiko Shishido, and Itaru Kitahara. Neural density-distance fields. *arXiv preprint arXiv:2207.14455*, 2022.

[132] Tarun Yenamandra, Ayush Tewari, Florian Bernard, Hans-Peter Seidel, Mohamed Elgharib, Daniel Cremers, and Christian Theobalt. i3DMM: Deep implicit 3D morphable model of human heads. In *IEEE/CVF Conference on Computer Vision and Pattern Recognition (CVPR)*, pp. 12803–12813, 2021.

[133] Shaofei Wang, Andreas Geiger, and Siyu Tang. Locally aware piecewise transformation fields for 3D human mesh registration. In *IEEE/CVF Conference on Computer Vision and Pattern Recognition (CVPR)*, pp. 7639–7648, 2021.

[134] Zerong Zheng, Tao Yu, Qionghai Dai, and Yebin Liu. Deep implicit templates for 3D shape representation. In *IEEE/CVF Conference on Computer Vision and Pattern Recognition*, pp. 1429–1439, 2021.

[135] Omid Poursaeed, Matthew Fisher, Noam Aigerman, and Vladimir G. Kim. Coupling explicit and implicit surface representations for generative 3D modeling. In *European Conference on Computer Vision (ECCV)*, pp. 667–683, 2020.

[136] Bharat L. Bhatnagar, Cristian Sminchisescu, Christian Theobalt, and Gerard Pons-Moll. LoopReg: Self-supervised learning of implicit surface correspondences, pose and shape for 3D human mesh registration. In *Advances in Neural Information Processing Systems (NeurIPS)*, pp. 12909–12922. Curran Associates, Inc., 2020.

[137] Ruilong Li, Yuliang Xiu, Shunsuke Saito, Zeng Huang, Kyle Olszewski, and Hao Li. Monocular real-time volumetric performance capture. In *European Conference on Computer Vision (ECCV)*, pp. 49–67, 2020.

[138] Nicholas Sharp and Alec Jacobson. Spelunking the deep: Guaranteed queries on general neural implicit surfaces via range analysis. *ACM Transactions on Graphics (TOG)*, Vol. 41, No. 4, pp. 1–16, 2022.

[139] Lingjie Liu, Jiatao Gu, Kyaw Z. Lin, Tat-Seng Chua, and Christian Theobalt. Neural sparse voxel fields. In *European Conference on Computer Vision (ECCV)*, pp. 15651–15663, 2020.

[140] Towaki Takikawa, Joey Litalien, Kangxue Yin, Karsten Kreis, Charles Loop, Derek Nowrouzezahrai, Alec Jacobson, Morgan McGuire, and Sanja Fidler. Neural geometric level of detail: Real-time rendering with implicit 3D shapes. In *IEEE/CVF Conference on Computer Vision and Pattern Recognition (CVPR)*, pp. 11358–11367, 2021.

[141] Ricardo Martin-Brualla, Rohit Pandey, Shuoran Yang, Pavel Pidlypenskyi, Jonathan Taylor, Julien Valentin, Sameh Khamis, Philip Davidson, Anastasia Tkach, Peter Lincoln, et al. LookinGood: Enhancing performance capture with real-time neural re-rendering. *arXiv preprint arXiv:1811.05029*, 2018.

[142] Kara-Ali Aliev, Artem Sevastopolsky, Maria Kolos, Dmitry Ulyanov, and Victor Lempitsky. Neural point-based graphics. In *European Conference on Computer Vision*, pp. 696–712. Springer, 2020.

[143] Thomas Müller, Alex Evans, Christoph Schied, and Alexander Keller. Instant neural graphics primitives with a multiresolution hash encoding. *arXiv preprint arXiv:2201.05989*, 2022.

[144] Zhiqin Chen, Thomas Funkhouser, Peter Hedman, and Andrea Tagliasacchi. MobileNeRF: Exploiting the polygon rasterization pipeline for efficient neural field rendering on mobile architectures. *arXiv preprint arXiv:2208.00277*, 2022.

[145] Thomas Gerig, Andreas Morel-Forster, Clemens Blumer, Bernhard Egger, Marcel Luthi, Sandro Schönborn, and Thomas Vetter. Morphable face models-an open framework. In *2018 13th IEEE International Conference on Automatic Face & Gesture Recognition (FG 2018)*, pp. 75–82. IEEE, 2018.

[146] Tianye Li, Timo Bolkart, Michael J. Black, Hao Li, and Javier Romero. Learning a model of facial shape and expression from 4D scans. *ACM Trans. Graph.*, Vol. 36, No. 6, pp. 194–1, 2017.

[147] Javier Romero, Dimitrios Tzionas, and Michael J. Black. Embodied hands: Modeling and capturing hands and bodies together. *arXiv preprint arXiv:2201.02610*, 2022.

[148] Johannes Kopf, Kevin Matzen, Suhib Alsisan, Ocean Quigley, Francis Ge, Yangming Chong, Josh Patterson, Jan-Michael Frahm, Shu Wu, Matthew Yu, et al. One shot 3D photography. *ACM Transactions on Graphics (TOG)*, Vol. 39, No. 4, pp. 76–1, 2020.

[149] Meng-Li Shih, Shih-Yang Su, Johannes Kopf, and Jia-Bin Huang. 3D photography using context-aware layered depth inpainting. In *IEEE/CVF Conference on Computer Vision and Pattern Recognition*, pp. 8028–8038, 2020.

[150] Simon Niklaus, Long Mai, Jimei Yang, and Feng Liu. 3D Ken Burns effect from a single image. *ACM Transactions on Graphics (ToG)*, Vol. 38, No. 6, pp. 1–15, 2019.

[151] Alex Yu, Sara Fridovich-Keil, Matthew Tancik, Qinhong Chen, Benjamin Recht, and Angjoo Kanazawa. Plenoxels: Radiance fields without neural networks. *arXiv preprint arXiv:2112.05131*, 2021.

[152] Tao Yu, Zerong Zheng, Kaiwen Guo, Pengpeng Liu, Qionghai Dai, and Yebin Liu. Function4D: Real-time human volumetric capture from very sparse consumer RGBD sensors. In *IEEE/CVF Conference on Computer Vision and Pattern Recognition*, pp. 5746–5756, 2021.

[153] Nikhila Ravi, Jeremy Reizenstein, David Novotny, Taylor Gordon, Wan-Yen Lo,

Justin Johnson, and Georgia Gkioxari. Accelerating 3D deep learning with Py-Torch3D. *arXiv preprint arXiv:2007.08501*, 2020.

[154] Wang Yifan, Felice Serena, Shihao Wu, Cengiz Öztireli, and Olga Sorkine-Hornung. Differentiable surface splatting for point-based geometry processing. *ACM Transactions on Graphics (TOG)*, Vol. 38, No. 6, pp. 1–14, 2019.

[155] Christoph Lassner and Michael Zollhofer. Pulsar: Efficient sphere-based neural rendering. In *IEEE/CVF Conference on Computer Vision and Pattern Recognition*, pp. 1440–1449, 2021.

[156] Hiroharu Kato, Yoshitaka Ushiku, and Tatsuya Harada. Neural 3D mesh renderer. In *IEEE Conference on Computer Vision and Pattern Recognition*, pp. 3907–3916, 2018.

[157] Matthew M. Loper and Michael J. Black. OpenDR: An approximate differentiable renderer. In *European Conference on Computer Vision*, pp. 154–169. Springer, 2014.

[158] Shichen Liu, Tianye Li, Weikai Chen, and Hao Li. Soft rasterizer: A differentiable renderer for image-based 3D reasoning. In *IEEE/CVF International Conference on Computer Vision*, pp. 7708–7717, 2019.

[159] Xinchen Yan, Jimei Yang, Ersin Yumer, Yijie Guo, and Honglak Lee. Perspective transformer nets: Learning single-view 3D object reconstruction without 3D supervision. *Advances in Neural Information Processing Systems*, Vol. 29, pp. 1696–1704, 2016.

[160] Shichen Liu, Shunsuke Saito, Weikai Chen, and Hao Li. Learning to infer implicit surfaces without 3D supervision. In *Advances in Neural Information Processing Systems (NeurIPS)*, pp. 8295–8306. Curran Associates, Inc., 2019.

[161] Shangzhe Wu, Christian Rupprecht, and Andrea Vedaldi. Unsupervised learning of probably symmetric deformable 3D objects from images in the wild. In *IEEE/CVF Conference on Computer Vision and Pattern Recognition*, pp. 1–10, 2020.

[162] Michael Niemeyer, Lars Mescheder, Michael Oechsle, and Andreas Geiger. Differentiable volumetric rendering: Learning implicit 3D representations without 3D supervision. In *IEEE/CVF Conference on Computer Vision and Pattern Recognition*, pp. 3504–3515, 2020.

[163] Lior Yariv, Yoni Kasten, Dror Moran, Meirav Galun, Matan Atzmon, Ronen Basri, and Yaron Lipman. Multiview neural surface reconstruction by disentangling geometry and appearance. In *Advances in Neural Information Processing Systems (NeurIPS)*, pp. 2492–2502. Curran Associates, Inc., 2020.

[164] Stephen Lombardi, Tomas Simon, Jason Saragih, Gabriel Schwartz, Andreas Lehrmann, and Yaser Sheikh. Neural volumes: Learning dynamic renderable volumes from images. *ACM Transactions on Graphics (TOG)*, Vol. 38, No. 4, pp. 1–14, 2019.

[165] Angjoo Kanazawa, Shubham Tulsiani, Alexei A. Efros, and Jitendra Malik. Learning category-specific mesh reconstruction from image collections. In *European Conference on Computer Vision (ECCV)*, pp. 371–386, 2018.

[166] Baptiste Nicolet, Alec Jacobson, and Wenzel Jakob. Large steps in inverse rendering of geometry. *ACM Transactions on Graphics (TOG)*, Vol. 40, No. 6, pp. 1–13, 2021.

[167] GitHub: large-steps-pytorch. https://github.com/rgl-epfl/large-steps-pytorch.

[168] Selena Ling, Nicholas Sharp, and Alec Jacobson. VectorAdam for rotation equivariant geometry optimization. *arXiv preprint arXiv:2205.13599*, 2022.

[169] Amos Gropp, Lior Yariv, Niv Haim, Matan Atzmon, and Yaron Lipman. Implicit geometric regularization for learning shapes. In *International Conference on Machine Learning*, pp. 3789–3799. PMLR, 2020.

[170] Matan Atzmon and Yaron Lipman. SAL: Sign agnostic learning of shapes from raw data. In *IEEE/CVF Conference on Computer Vision and Pattern Recognition (CVPR)*, pp. 2565–2574, 2020.

[171] Matan Atzmon and Yaron Lipman. SALD: Sign agnostic learning with derivatives. *arXiv preprint arXiv:2006.05400*, 2020.

[172] Luca Cosmo, Antonio Norelli, Oshri Halimi, Ron Kimmel, and Emanuele Rodola. LIMP: Learning latent shape representations with metric preservation priors. In *European Conference on Computer Vision*, pp. 19–35. Springer, 2020.

[173] Nicholas Sharp and Keenan Crane. You can find geodesic paths in triangle meshes by just flipping edges. *ACM Transactions on Graphics (TOG)*, Vol. 39, No. 6, pp. 1–15, 2020.

[174] GitHub: LIMP. https://github.com/lcosmo/LIMP.

[175] Hsueh-Ti D. Liu, Francis Williams, Alec Jacobson, Sanja Fidler, and Or Litany. Learning smooth neural functions via Lipschitz regularization. *SIGGRAPH*, 2022.

[176] Qiangeng Xu, Weiyue Wang, Duygu Ceylan, Radomir Mech, and Ulrich Neumann. DISN: Deep implicit surface network for high-quality single-view 3D reconstruction. In *Advances in Neural Information Processing Systems (NeurIPS)*, pp. 492–502. Curran Associates, Inc., 2019.

[177] Amit Raj, Michael Zollhoefer, Tomas Simon, Jason Saragih, Shunsuke Saito, James Hays, and Stephen Lombardi. PVA: Pixel-aligned volumetric avatars. In *IEEE/CVF Conference on Computer Vision and Pattern Recognition (CVPR)*, pp. 11733–11742, 2021.

さいとう しゅんすけ（Reality Labs Research）

不思議な鏡

◇ ◆ ◇ ◆ ◆ ◇ ◆ ◇

忖度

呪文

@casa_recce 作／松井勇佑 編

（マンガ寄稿者募集中！　寄稿をご希望の方は東京大学松井勇佑〈matsui@hal.t.u-tokyo.ac.jp〉までご一報ください）

CV イベントカレンダー

名　称	開催地	開催日程	投稿期限
電子情報通信学会 2023 年総合大会 [国内] www.ieice-taikai.jp/2023general/jpn/	芝浦工業大学 ＋オンライン	2023/3/7〜3/10	2023/1/6
『コンピュータビジョン最前線　Spring 2023』3/10 発売			
CHI 2023（ACM CHI Conference on Human Factors in Computing Systems）[国際] chi2023.acm.org/	Hamburg, Germany ＋Online	2023/4/23〜4/28	2022/9/15
AISTATS 2023（International Conference on Artificial Intelligence and Statistics）[国際] aistats.org/aistats2023/	Valencia, Spain	2023/4/25〜4/27	2022/10/13
WWW 2023（ACM Web Conference）[国際] www2023.thewebconf.org	Austin, Texas, USA	2023/4/30〜5/4	2022/10/13
ICLR 2023（International Conference on Learning Representations）[国際] iclr.cc	Kigali, Rwanda ＋Online	2023/5/1〜5/5	2022/9/28
SCI' 23（システム制御情報学会研究発表講演会）[国内] sci23.iscie.or.jp	京都テレサ	2023/5/17〜5/19	2023/3/17
情報処理学会 CVIM 研究会/電子情報通信学会 PRMU 研究会［連催，5 月度］[国内] ken.ieice.org/ken/program/index.php?tgid=IEICE-PRMU	名古屋工業大学 ＋オンライン	2023/5/18〜5/19	2023/3/3
ICRA 2023（IEEE International Conference on Robotics and Automation）[国際] www.icra2023.org	London, UK	2023/5/29〜6/2	2022/8/5
ICASSP 2023（IEEE International Conference on Acoustics, Speech, and Signal Processing）[国際] 2023.ieeeicassp.org	Rhodes Island, Greece	2023/6/4〜6/9	2022/10/26
JSAI2023（人工知能学会全国大会）[国内] www.ai-gakkai.or.jp/jsai2023/	熊本城ホール ＋オンライン	2023/6/6〜6/9	2023/3/3
『コンピュータビジョン最前線　Summer 2023』6/10 発売			
ICMR 2023（ACM International Conference on Multimedia Retrieval）[国際] icmr2023.org	Thessaloniki, Greece	2023/6/12〜6/15	2023/1/31
SSII2023（画像センシングシンポジウム）[国内] confit.atlas.jp/guide/event/ssii2023/top	パシフィコ横浜 ＋オンライン	2023/6/14〜6/16	2023/4/21
CVPR 2023（IEEE/CVF International Conference on Computer Vision and Pattern Recognition）[国際] cvpr.thecvf.com	Vancouver, Canada	2023/6/18〜6/22	2022/11/11
ACL 2023（Annual Meeting of the Association for Computational Linguistics）[国際] 2023.aclweb.org	Tronto, Canada	2023/7/9〜7/14	2022/12/15

名　称	開催地	開催日程	投稿期限
ICME 2023（IEEE International Conference on Multimedia and Expo）国際 www.2023.ieeeicme.org	Brisbane, Australia	2023/7/10〜7/14	2022/12/11
RSS 2023（Conference on Robotics：Science and Systems）国際 roboticsconference.org	Daegu, Korea	2023/7/10〜7/14	2023/2/3
ICML 2023（International Conference on Machine Learning）国際 icml.cc	Hawaii, USA	2023/7/23〜7/29	2023/1/26
MIRU2023（画像の認識・理解シンポジウム）国内 cvim.ipsj.or.jp/MIRU2023/	アクトシティ浜松	2023/7/25〜7/28	未定
ICCP 2023（International Conference on Computational Photography）国際 iccp2023.iccp-conference.org	Madison, WI, USA	2023/7/28〜7/30	T. B. D.
SIGGRAPH 2023（Premier Conference and Exhibition on Computer Graphics and Interactive Techniques）国際 s2023.siggraph.org	Los Angeles, USA ＋Online	2023/8/6〜8/10	2023/1/26
KDD 2023（ACM SIGKDD Conference on Knowledge Discovery and Data Mining）国際 kdd.org/kdd2023	California, USA	2023/8/6〜8/10	2023/2/2
IJCAI-23（International Joint Conference on Artificial Intelligence）国際 ijcai-23.org	Cape Town, South Africa	2023/8/19〜8/25	2023/1/18
Interspeech 2023（Interspeech Conference）国際 interspeech2023.org	Dublin, Ireland	2023/8/20〜8/24	2023/3/1
FIT2023（情報科学技術フォーラム）国内 www.ipsj.or.jp/event/fit/fit2023/	大阪公立大学 中百舌鳥キャンパス ＋オンライン	2023/9/6〜9/8	未定
情報処理学会 CVIM 研究会/電子情報通信学会 PRMU 研究会［自然言語処理学会と連催，9 月度］国内 ken.ieice.org/ken/program/index.php?tgid=IEICE-PRMU	大阪公立大学 ＋オンライン	2023/9/6〜9/8	未定
SICE 2023（SICE Annual Conference）国際 sice.jp/siceac/sice2023/	Mie, Japan	2023/9/6〜9/9	2023/3/19
『コンピュータビジョン最前線　Autumn 2023』9/10 発売			
IROS 2023（IEEE/RSJ International Conference on Intelligent Robots and Systems）国際 ieee-iros.org	Detroit, USA	2023/10/1〜10/5	2023/3/1
ICCV 2023（International Conference on Computer Vision）国際 iccv2023.thecvf.com	Paris, France	2023/10/2〜10/6	2023/3/8

名　称	開催地	開催日程	投稿期限
ICIP 2023（IEEE International Conference in Image Processing）国際 2023.ieeeicip.org	Kuala Lumpur, Malaysia	2023/10/8〜10/11	2023/2/15
ISMAR 2023（IEEE International Symposium on Mixed and Augmented Reality）国際 ismar.net	Sydney, Australia	2023/10/16〜10/20	T. B. D.
UIST 2023（ACM Symposium on User Interface Software and Technology）国際 uist.acm.org/2023/	California, USA	2023/10/29〜11/1	2023/4/5
IBIS2023（情報論的学習理論ワークショップ）国内	北九州国際会議場	2023/10/29〜11/1	未定
ACM MM 2023（ACM International Conference on Multimedia）国際 www.acmmm2023.org	Ottawa, Canada	2023/10/29〜11/3	2023/4/30
情報処理学会 CVIM 研究会/電子情報通信学会 PRMU 研究会［DCC 研究会と連催，11 月度］国内 ken.ieice.org/ken/program/index.php?tgid=IEICE-PRMU	鳥取大学 ＋オンライン	2023/11/16〜11/17	2023/9/6
NeurIPS 2023（Conference on Neural Information Processing Systems）国際 nips.cc	New Orleans, LA, USA	2023/11/28〜12/9	未定
ACM MM Asia 2023（ACM Multimedia Asia）国際 www.mmasia2023.org	Tainan, Taiwan	2023/12/6〜12/8	2023/7/22
『コンピュータビジョン最前線　Winter 2023』12/10 発売			
情報処理学会 CVIM 研究会/電子情報通信学会 PRMU 研究会［電子情報通信学会 MVE 研究会/VR 学会 SIG-MR 研究会と連催，1 月度］国内 ken.ieice.org/ken/program/index.php?tgid=IEICE-PRMU	未定	2024/1/25〜1/26	2023/11/7
情報処理学会 CVIM 研究会/電子情報通信学会 PRMU 研究会［IBISML 研究会と連催，3 月度］国内 ken.ieice.org/ken/program/index.php?tgid=IEICE-PRMU	未定	2024/3/10〜3/11	2024/1/5
NAACL 2023（Annual Conference of the North American Chapter of the Association for Computational Linguistics）国際	T. B. D.	T. B. D.	T. B. D.
3DV 2023（International Conference on 3D Vision）国際	T. B. D.	T. B. D.	T. B. D.
ViEW2023（ビジョン技術の実利用ワークショップ）国内	未定	未定	未定
CoRL 2023（Conference on Robot Learning）国際	Atlanta, USA	T. B. D.	T. B. D.

名　称	開催地	開催日程	投稿期限
AAAI-24（AAAI Conference on Artificial Intelligence）国際	T. B. D.	T. B. D.	T. B. D.
DIA2024（動的画像処理実利用化ワークショップ）国内	未定	未定	未定
情報処理学会第 86 回全国大会 国内	未定	未定	未定

2023 年 2 月 3 日現在の情報を記載しています。最新情報は掲載 URL よりご確認ください。また，投稿期限はすべて原稿の提出締切日です。多くの場合，概要や主題の締切は投稿期限の 1 週間程度前に設定されていますのでご注意ください。

Google カレンダーでも本カレンダーを公開しています。ぜひご利用ください。

tinyurl.com/bs98m7nb

編集後記

　昨年9月に刊行の，『コンピュータビジョン最前線 Autumn 2022』に「研究はうまくいかない？」という巻頭言を寄稿させていただいた。研究をうまくやるための秘訣は，限られた時間の中で効果的にアイデアの試行錯誤を繰り返すことである——そのように述べたが，ここではその続きを話したい。

　研究に費やすことのできる「限られた時間」の量は，個人の境遇によって大きく変化する。自分自身を例に挙げると，現在子どもが小さいこともあって，会社の在宅勤務と裁量労働の仕組みを最大限活用させていただきつつ，日中の仕事時間はだいたい5〜6時間程度となっている。家族との時間を大切にすることができ，会社の皆には感謝してもしきれない。「エンジニアは土日も勉強している・すべき」というような意見も時折見かけるが，「限られた時間」が様々であるようなメンバーが協力できるような，インクルーシブなチームの在り方が理想であると考える。

　そのような中，本巻の巻頭言で内田誠一先生が紹介された MIRU 2022 の「ワークライフバランス企画」では，企画の主催を担当させていただいた。同企画では，シニアの先生方に子育て時代の苦労・工夫を紹介いただきつつ，参加者の間でワークライフバランスに関する切実な困り事や希望を共有できた。何より，「いま自分の目の前にいる相手は，自分と全く異なる境遇で研究をしている」ということが直接肌で感じられる会であり，上に述べたようなインクルーシブなチームの重要性を改めて意識した。これは，オンライン開催で研究発表に関してのみ議論している限りは得られない経験であったように思う。改めて，MIRU 2022 のハイブリッド開催の実現にご尽力くださった内田先生をはじめ，実行委員会の皆様に感謝を述べたい。本当にありがとうございました。

米谷　竜（オムロンサイニックエックス）

次刊予告（Summer 2023／2023 年 6 月刊行予定）
巻頭言（日浦慎作）／イマドキノ 拡散モデル（石井雅人）／フカヨミ CLIP（品川政太朗）／フカヨミ 画像キャプション生成（菅沼雅徳）／フカヨミ ジェスチャー動作生成（岩本尚也）／ニュウモン 照度差ステレオ（山藤浩明）／ふたり大学生（鉄分 @Tetuboooo）

コンピュータビジョン最前線　Spring 2023

2023 年 3 月 10 日　初版 1 刷発行

編　　者	井尻善久・牛久祥孝・片岡裕雄・藤吉弘亘
発 行 者	南條光章
発 行 所	**共立出版株式会社**

　　　　　〒112-0006　東京都文京区小日向 4-6-19　電話　03-3947-2511（代表）
　　　　　振替口座　00110-2-57035
　　　　　www.kyoritsu-pub.co.jp

本文制作	㈱グラベルロード
印　　刷	大日本法令印刷
製　　本	

検印廃止
NDC 007.13
ISBN 978-4-320-12547-6

一般社団法人
自然科学書協会
会員

Printed in Japan